Lecture Notes in Operations Research and Mathematical Systems

Economics, Computer Science, Information and Control

Edited by M. Beckmann, Providence and H. P. Künzi, Zürich
Series: Institut für Gesellschafts- und Wirtschaftswissenschaften
der Universität Bonn. Advisers: H. Albach, F. Ferschl, W. Krelle

41

Udo Ueing

Institut für Gesellschafts- und Wirtschaftswissenschaften
der Universität Bonn

Zwei Lösungsmethoden für nichtkonvexe Programmierungsprobleme

Springer-Verlag

Berlin · Heidelberg · New York 1971

AMS Subject Classifications (1970): 90C30

ISBN-13: 978-3-540-05415-3   e-ISBN-13: 978-3-642-65195-3
DOI: 10.1007/978-3-642-65195-3

<u>Vorwort</u>

Programmierungen sind ein sehr wirkungsvolles Instrument zur praktischen Berechnung optimaler wirtschaftlicher Entscheidungen. Im einfachsten Fall der linearen Programmierung wird eine lineare Zielfunktion bei Geltung linearer Ungleichungen als Nebenbedingung maximiert oder minimiert. Sehr viele ökonomische Probleme lassen sich in diese Form bringen. Leider ist das nicht bei allen möglich: sehr wichtige Probleme (z.B. viele Investitionsprobleme) führen auf nichtlineare Zielfunktionen und nichtlineare Ungleichungen als Nebenbedingungen. Es gibt in der Zwischenzeit eine ganze Reihe von Rechenverfahren, die gestatten, von einem beliebigen, zulässigen Anfangspunkt ausgehend iterativ ein lokales Extremum zu berechnen. Leider liegen die Probleme häufig so, daß zahlreiche lokale Extrema existieren, während man natürlich am globalen Extremum interessiert ist. Bisher hat es nur ein Verfahren gegeben (das von Orden und Ritter), das für einen Spezialfall quadratischer Formen als Zielfunktion und für lineare Ungleichungen als Nebenbedingungen das globale Extrumum in endlich vielen Rechenschritten zu erreichen gestattet. Alle Versuche zur Verallgemeinerung dieses Verfahrens auf beliebige nichtlineare Zielfunktionen oder nichtlineare Nebenbedingungen sind bisher gescheitert.

Hier setzt nun die Arbeit von Herrn Ueing ein. Er entwickelt zwei Verfahren, die mit tragbarem Rechenaufwand von einem lokalen Extremum zum nächsten mit einem höheren Wert der Zielfunktion (bei einer Maximumaufgabe) überzugehen gestatten. Das erste Verfahren, dessen allgemeine Idee von mir schon vor einiger Zeit vorgeschlagen wurde, ist sehr allgemein: es verlangt fast keine Einschränkungen der Zielfunktionen und der Nebenbedingungen. Dem Verfasser gelingt es, das Verfahren so zu formalisieren, daß man "bei nicht zu schlecht konditionierten Problemen" erwarten kann, auch das globale Extremum zu erreichen. Leider ist es bisher nicht gelungen, notwendige oder hinreichende Konvergenzkriterien für das Verfahren anzugeben. Damit bleiben die Grenzen der Anwendbarkeit des Verfahrens zunächst offen. Für die Praxis kann es aber auch so schon brauchbar sein, weil es immerhin gestattet, bessere lokale Extrema zu finden, wenn auch möglicherweise nicht das globale. Ich bin der Überzeugung, daß dies Verfahren (oder Varianten davon) in sehr allgemeinen Fällen zum Ziele führt. Jedenfalls wird sich eine Weiterarbeit in diese Richtung wohl lohnen.

Das zweite vom Verfasser entwickelte Verfahren schränkt die Zielfunktionen und Nebenbedingungen ein, konvergiert jedoch mit Sicherheit zum
globalen Extremum. Es muß vorausgesetzt werden, daß die zu maximierend
Zielfunktion und die Funktionen, die die Ungleichungen als Nebenbedingungen festlegen, konvex sind. Hiermit können auch nicht zusammenhänge
de Bereiche als zulässiges Gebiet zugelassen werden. Dies ist ein groß
Fortschritt.

Viele Autoren haben sich mit dem nichtkonvexen Programmierungsproblem
beschäftigt, darunter so hervorragende Mathematiker und Natioanlökono-
me. wie Ragnar Frisch, und - wenn man von Orden und Ritter absieht - n
heuristische Methoden angeben können. Das erste in dieser Arbeit vorge
stellte Verfahren ist - mangels eines Konvergenzbeweises - auch noch a
solches einzustufen, dagegen nicht das zweite. Insgesamt zeigt diese A
beit, daß man auch vor Problemen dieser Art nicht zu kapitulieren
braucht, sondern daß es Ansätze gibt, die zumindest in vielen Fällen u
im Spezialfall konvexer Zielfunktion und konvexer Nebenbedingungen ste
zum Erfolg führen. Dies ist ein Durchbruch auf diesem wichtigen Gebiet
Es steht zu hoffen, daß diese neuen Möglichkeiten auch andere Wissen-
schaftler wieder anziehen, die dies Gebiet als hoffnungslos aufgegeben
haben.

Bonn, Januar 1971

Wilhelm Krelle

Zwei Lösungsmethoden für nichtkonvexe Programmierungsprobleme:

Übersicht:

Die bisher angewandten mathematischen Hilfsmittel zur Lösung allgemeiner nichtlinearer Programmierungsprobleme lieferten nur lokale Lösungen. Das Ziel dieser Arbeit besteht darin, unter bestimmten Voraussetzungen eine globale Aussage über nichtkonvexe Programmierungsprobleme zu treffen.

Im folgenden wird das nichtkonvexe Problem in eine Folge von Teilproblemen zerlegt. Die Zerlegung beruht auf der Einführung eines skalaren und eines Vektoroperators. Die Konstruktion der Operatoren beinhaltet alternierende Gradienten der Zielfunktion und Restriktionen unter Hinzunahme einer Hilfsrestriktion.

Weiterhin werden Lösungszustände des gesamten Problems erklärt. Die Wirkung der Operatoren auf die Lösungszustände kommt in zwei ganzen Zahlen zum Ausdruck: dem "Lösungsgrad" und der "Stufenzahl". In dem entsprechenden Zustandsraum wird ein notwendiges Konvergenzkriterium angegeben.

Die zweite Lösungsmethode besteht aus einem Formalismus, dessen Elemente notwendig und hinreichend sind, zur Berechnung des globalen Extremums bestimmter indefiniter Programmierungsprobleme. Eine konvexe Zielfunktion wird über einem möglicherweise nicht zusammenhängenden Bereich, der durch konvexe Restriktionen gegeben ist, maximiert.

Unter den gewöhnlichen Eindeutigkeitsvoraussetzungen für die lokale Konvergenz wird in einer endlichen Anzahl von Rechenschritten eindeutig die globale Lösung berechnet. Die Schritte ergeben sich aus einer vorgegebenen

Kombinatorik zwischen der Zielfunktion und den Restriktionen. Es wird eine Lösungsmenge konstruiert, die endlich viele Elemente enthält. Der Beweis, daß in dieser Menge das globale Extremum mit Sicherheit enthalten ist, wird geführt.

Beide Verfahren wurden programmiert und auf der hiesigen Rechenanlage (IBM 7090) erfolgreich getestet. Funktionen über nichtzusammenhängende Bereiche wurden maximiert.

INHALTSANGABE

1. EINLEITUNG

Die nichtlineare Programmierung dient im Rahmen der
Unternehmensforschung dazu, optimale Entscheidungen
über mathematisch formulierbare Wirtschaftsprozesse
zu treffen. Die mathematische Formulierbarkeit ist
die Voraussetzung für die Konstruktion eines Modells,
von dessen Lösung die optimale Entscheidung abhängt.
Das Problem liegt einmal darin, die Modelle derart
aufzustellen, daß sie den realen wirtschaftlichen Zu-
sammenhang möglichst gut wiedergeben und zum anderen
darin, Lösungsverfahren anzugeben, mit deren Hilfe
die optimale Lösung dieser Modelle gefunden werden
kann. Die vorliegende Arbeit widmet sich dem zweiten
Teil dieser Forderung: dem Auffinden optimaler Lösungen allgemeiner nichtlinearer Programmierungsprobleme.

Ein allgemeines Maximierungsproblem stellt sich wie
folgt: gegeben sei eine Funktion $f(x)$, die die Zielvorstellung in Abhängigkeit von veränderlichen Größen
x_1, x_2, ... x_n mathematisch repräsentiert; $x = (x_1,$
$x_2, \ldots x_n)'$. $f(x)$ kann nicht an beliebigen Stellen
des Raumes R^n gebildet werden, sondern es wird durch
Restriktionen $g_i(x) \geqq 0$, $i = 1 \ldots m$ vorgeschrieben,
welche $x \in R^n$ zulässig sind. Dieser Sachverhalt soll
durch die Schreibweise

$$\max \left\{ f(x) \, / \, g_i(x) \geqq 0, \quad i = 1 \ldots m \right\}$$

ausgedrückt werden.

Der zulässige Bereich sei

$$B = \left\{ x \, / \, g_i(x) \geqq 0, \quad i = 1 \ldots m \right\}.$$

m = Anzahl der Restriktionen
n = Dimension von R^n

Selbst wenn vorausgesetzt wird, daß $f(x)$ und $g_i(x)$
≥ 0, $i = 1 \ldots m$ stetige und zweimal eindeutig differenzierbare Funktionen sind, gibt es im allgemeinen
eine von vornherein nicht bestimmbare Anzahl lokaler
Extrema.

Ein lokales Maximum $\bar{x}$ der Zielfunktion $f(x)$ ist dann
erreicht, wenn es in einer bestimmten Umgebung von $\bar{x}$
kein $x \in B$ gibt, für das gilt:

$$f(x) > f(\bar{x}).$$

Da es aufgrund der bisher bekannten Methoden nicht möglich ist, alle lokalen Extrema eines indefiniten Programmierungsproblems mit nichtlinearen Restriktionen
anzugeben, kann eine Aussage über das globale Extremum
$\overset{o}{x}$ mit $f(\overset{o}{x}) > f(x)$ für alle $x \in B$ nicht getroffen werden.

Vom mathematischen Standpunkt aus ist man nun gezwun-
gen, Spezialisierungen für $f(x)$ und $g_i(x) \geq 0$,
$i = 1 \ldots m$ einzuführen, um praktikable Optimalitäts-
kriterien zu formulieren.

Anhand dieser Spezialisierungen (Abschnitt 2.1) ergibt
sich eine Klassifizierung der bisher lösbaren Programmierungsprobleme.

Vom wirtschaftlichen Standpunkt aus oder aus der Sicht
des "Modellkonstrukteurs" gesehen, möchte man möglichst
großzügig über die Funktionen $f(x)$ und $g_i(x) \geq 0$,
$i = 1 \ldots m$ verfügen können, um das Modell sehr nahe
an die Realität heranzuführen.

Inwieweit sich diese zwei miteinander konkurrieren-
den Vorstellungen bis heute einander genähert haben,
soll in der folgenden Aufstellung dargelegt werden.
Die Ziele und Ergebnisse dieser Arbeit werden ebenfalls in diesem Rahmen plaziert, so daß ihre Stellung
in der gesamten Problematik der nichtlinearen Programmierung deutlich wird.

2. MODIFIZIERTE GRADIENTENVERFAHREN

2.1 Die gedankliche Struktur der Programmierungs-probleme

Gesucht ist das globale Extremum $\overset{o}{x}$ des Problems:

$$\max \left\{ f(x) \, / \, g_i(x) \geq 0, \quad i = 1 \ldots m \right\}$$

mit dem zulässigen Bereich:

$$B = \left\{ (x) \, / \, g_i(x) \geq 0, \quad i = 1 \ldots m \right\}.$$

Spezialisierung von $f(x)$, $g_i(x)$ und x

x ganzzahlig

x kontinuierlich,
$f(x)$ und $g_i(x)$ stetig
und zweimal differenzier-
bar.

Hieran schließen
sich die Methoden
der ganzzahligen
Programmierung.

Probleme und Methoden der
kontinuierlichen Program-
mierung.

Kriterien zur Unterscheidung
der Elemente des zulässigen
Bereichs in optimale und
nichtoptimale werden gebraucht.

Bedingungen erster und zweiter Ordnung bezüglich
der Gradienten von $f(x)$ und $g_i(x)$, $i = 1 \ldots m$

die Kuhn- und Tucker-
Bedingungen (7)

die Fritz John-
Bedingungen (8)

Wann sind die hierdurch charakterisierten lokalen
Lösungen $\bar{x} \in B$ auch global ?

Spezialisierung von $f(x)$ und $g_i(x)$, $i = 1 \ldots m$.

$f(x)$ linear
$g_i(x) \geq 0$, $i = 1 \ldots m$
linear

$f(x)$ konvex
$g_i(x) \geq 0$ konkav

$f(x)$ nichtkonkav
aber quadratisch
$g_i(x) = 0$, $i = 1 \ldots m$
linear

Die Probleme:
$\max \left\{ f(x) / g_i(x) \geq 0, \; i = 1 \ldots m \right\}$

$\min \left\{ f(x) / g_i(x) \geq 0, \; i = 1 \ldots m \right\}$
sind eindeutig lösbar.

Das Problem
$\min \left\{ f(x) / g_i(x) \geq 0, \; i = 1 \ldots m \right\}$
ist eindeutig lösbar.

Das Problem
$\max \left\{ f(x) / g_i(x) \geq 0, \; i = 1 \ldots m \right\}$
wird eindeutig gelöst.

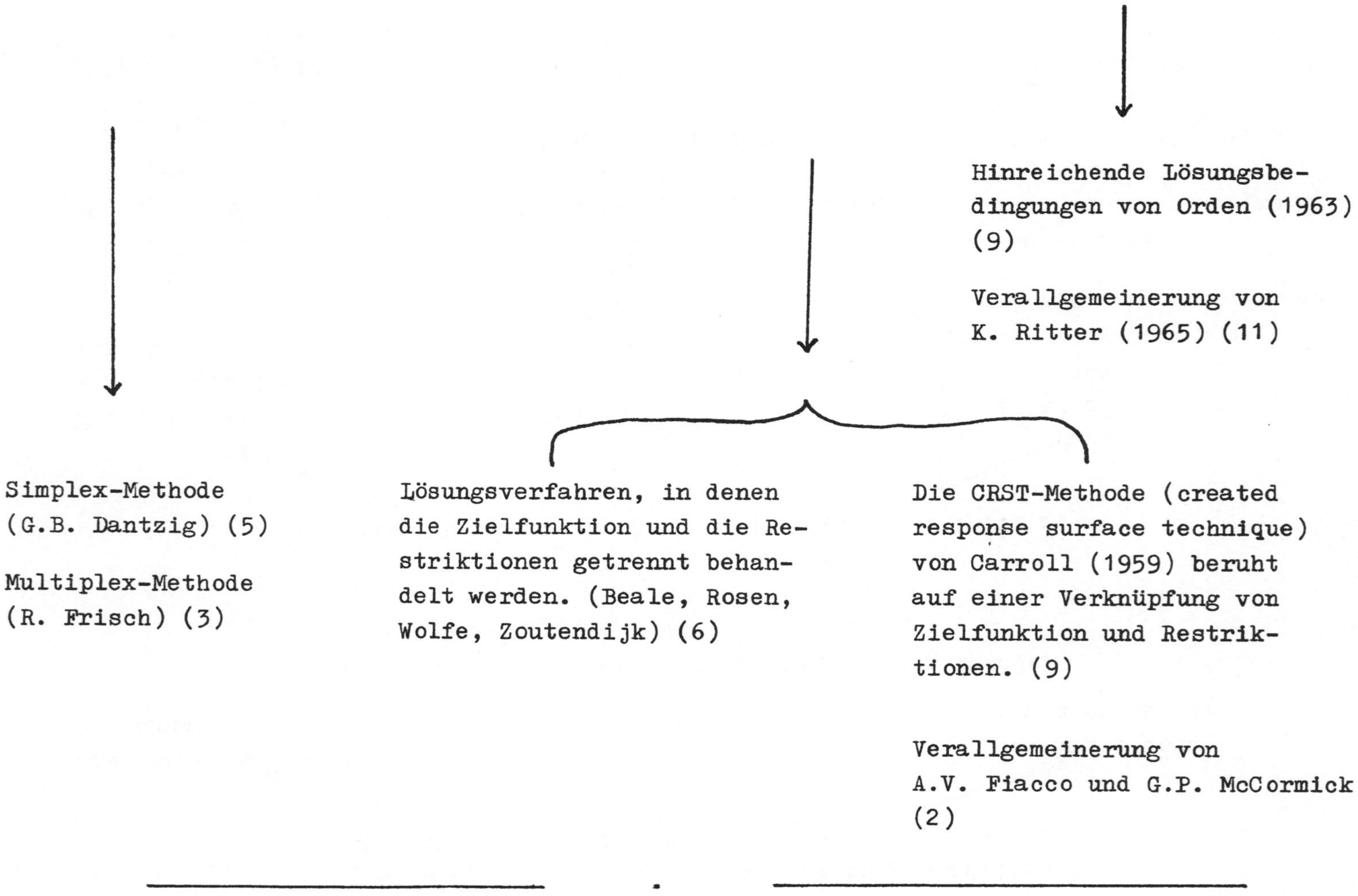

Simplex-Methode
(G.B. Dantzig) (5)

Multiplex-Methode
(R. Frisch) (3)

Lösungsverfahren, in denen
die Zielfunktion und die Restriktionen getrennt behandelt werden. (Beale, Rosen,
Wolfe, Zoutendijk) (6)

Hinreichende Lösungsbe-
dingungen von Orden (1963)
(9)

Verallgemeinerung von
K. Ritter (1965) (11)

Die CRST-Methode (created
response surface technique)
von Carroll (1959) beruht
auf einer Verknüpfung von
Zielfunktion und Restrik-
tionen. (9)

Verallgemeinerung von
A.V. Fiacco und G.P. McCormick
(2)

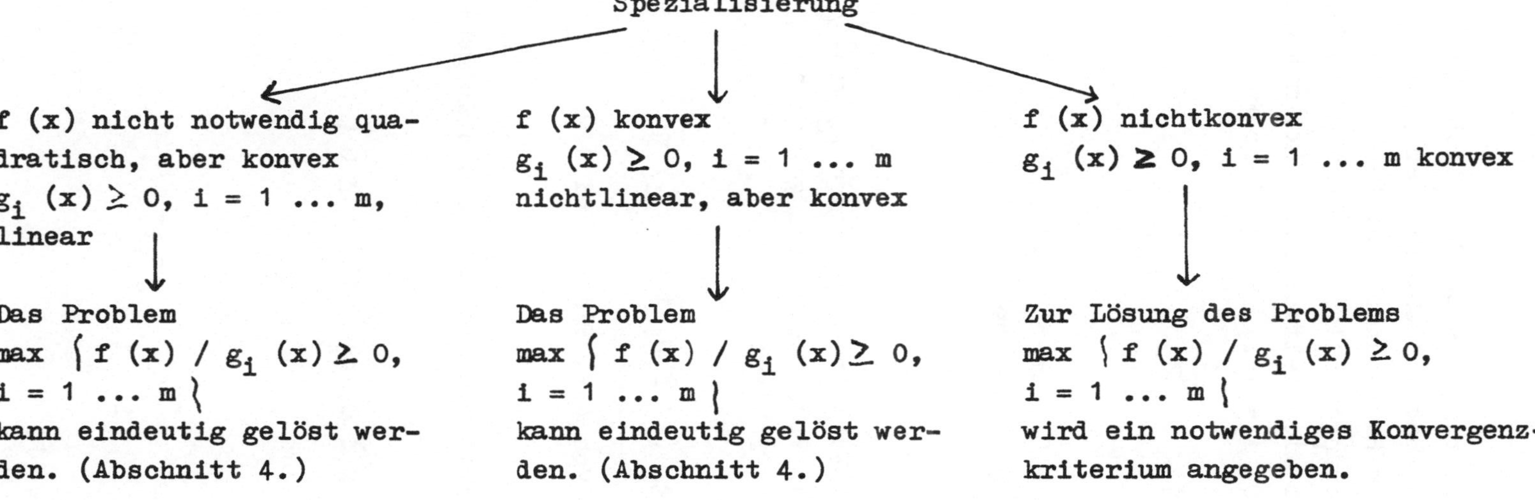

Spezialisierung

f (x) nicht notwendig quadratisch, aber konvex
g_i (x) $\geq$ 0, i = 1 ... m,
linear

Das Problem
max $\{$ f (x) / g_i (x) $\geq$ 0,
i = 1 ... m $\}$
kann eindeutig gelöst werden. (Abschnitt 4.)

f (x) konvex
g_i (x) $\geq$ 0, i = 1 ... m
nichtlinear, aber konvex

Das Problem
max $\{$ f (x) / g_i (x) $\geq$ 0,
i = 1 ... m $\}$
kann eindeutig gelöst werden. (Abschnitt 4.)

f (x) nichtkonvex
g_i (x) $\geq$ 0, i = 1 ... m konvex

Zur Lösung des Problems
max $\{$ f (x) / g_i (x) $\geq$ 0,
i = 1 ... m $\}$
wird ein notwendiges Konvergenzkriterium angegeben.

2.2   CRST-Methode

Die CRST-Methode (created response surface technique)
wurde von Carroll [1] zur Lösung nichtlinearer Programme vorgeschlagen. Ihr Hauptgedanke besteht darin,
ein beschränktes Maximierungsproblem in ein unbeschränk-
tes zu überführen, indem die Zielfunktion $f(x)$ mit den
Restriktionen $g_i(x) \geq 0$, $i = 1 \ldots m$ zu einer Funktion

$$P(x, r) = f(x) - r \sum_{i=1}^{m} \frac{1}{g_i(x)}$$

$$r_1, r_2, \ldots, r_n > 0, \quad \lim_{n \to \infty} r_n = 0$$

zusammengefaßt wird.

Die Folge der Maxima der Funktion P zu jedem r_k konvergiert unter bestimmten Voraussetzungen gegen das
Maximum des beschränkten Problems:

$$\max \left\{ f(x) \ / \ g_i(x) \geq 0, \ i = 1 \ldots m \right\}.$$

Die Beweise dazu wurden von A.V. Fiacco und G.P.
McCormick [2] geführt.

Um das Prinzip zu verdeutlichen, betrachte man folgendes Beispiel (Abb. 1).

$$\max \left\{ x \ / \ g_1 = x \geq 0, \ g_2 = 1 - x \geq 0 \right\}.$$

Die P-Funktion lautet:

$$P(x, r) = x - r^2 \sum_{i=1}^{2} \frac{1}{g_i(x)}$$

---

1) Siehe Literaturangabe (1)
2) Siehe Literaturangabe (2)

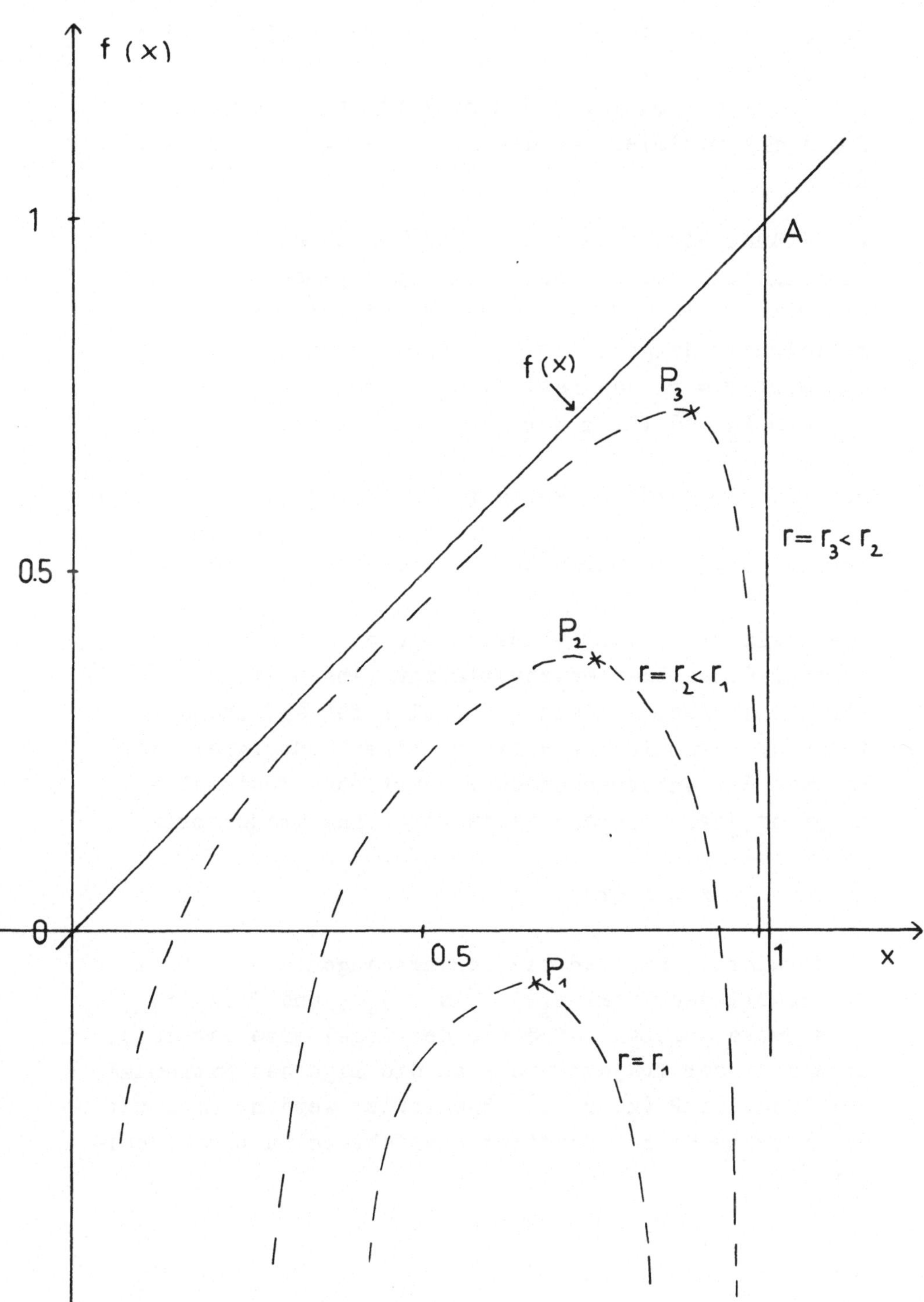

Abb. 1

In Abb. 1 ist die P-Funktion für verschiedene Werte
von r dargestellt.
Die Zielfunktion $f(x) = x$ soll in dem Intervall
$0 \leq x \leq 1$ maximiert werden. Die Lösung ist der Punkt
A.

Die Lösungseigenschaften dieses beschränkten Maximierungsproblems werden durch die Eigenschaften der
unbeschränkten P-Funktion repräsentiert, die in Abb. 1
gestrichelt dargestellt ist. Die P-Funktion hat für
den Wert $r = r_1$ das Maximum P_1, für $r = r_2 < r_1$ das
Maximum P_2 und für $r = r_3 < r_2$ das Maximum P_3.

Für kleiner werdende Werte von r konvergiert die Folge
der Maxima der P-Funktion P_1, P_2, P_3, ... gegen den
Lösungspunkt des beschränkten Maximierungsproblems A.

Die Maximierung der P-Funktion geschieht mit Hilfe
verschiedener Gradientenverfahren (Abschnitt 2.3).
Wie man in Abb. 1 sieht, läßt sich für aufeinander-
folgende verschiedene Werte r_n eine Abhängigkeit der
Extrema der entsprechenden P-Funktionen feststellen.
Aufgrund dieser Abhängigkeit wird eine Trajektorie

$$x = x(r)$$

konstruiert, indem an die vorangegangenen drei Extrema
der Funktionen $P(x, r_i)$, $P(x, r_{i+1})$ und $P(x, r_{i+2})$
eine Kurve angepaßt wird (in der Regel eine Parabel).
Anhand dieser Trajektorie kann die Lage des Extremums
der Funktion $P(x, r_{i+3})$ abgeschätzt werden, um somit
die Konvergenz des Gradientenverfahrens zu beschleuni-
gen.

Im allgemeinen läßt sich das gleiche Ergebnis mit
verschiedenen Funktionen

$$P (x, r_i) = f (x) + s (r_k) \cdot I (g_i(x))$$

erreichen. s und I sind Funktionssymbole über r_k und
$g_i (x)$, $i = 1 \ldots m$.

Es läßt sich somit eine beliebige Anzahl von P-Funktionen erzeugen, deren Zweckmäßigkeit empirisch getestet werden kann. Für die Funktionen s und I müssen
die folgenden Bedingungen gelten:

a) $\quad \lim_{k \to \infty} s (r_k) \cdot I (g_i(x)) = 0$,

b) $\quad$ s und I kontinuierliche Funktionen.

Im Vergleich mit anderen Lösungsmethoden für nichtlineare Programme erweist sich diese mit Hilfe der
P-Funktion als sehr vorteilhaft. Der Term $s (r_k) \cdot I$
$(g_i(x))$ verhindert, daß die einzelnen Iterationsschrit-
te sich fortwährend entlang des Randes des zulässigen
Bereichs bewegen; sie werden sozusagen vom Rand weg-
gedrückt. Durch diesen Effekt wird im nichtlinearen
Fall die Lösung schneller erreicht als etwa mit Hilfe
der projizierten Gradientenmethode.

2.3 Der lokale Charakter der Gradientenverfahren

Hat man sich entschlossen, die Lösung des nichtlinearen Problems mit Hilfe der P-Funktion durchzuführen,
so steht immer noch die Frage offen, wie das Maximum
der P-Funktion berechnet werden soll. In der Behandlung

dieser Frage wird nämlich der lokale Charakter aller
Lösungsmethoden deutlich. Durch die Transformation
des beschränkten Problems in den P-Funktionsformalismus
werden alle Eigenschaften bezüglich des gesuchten globalen Extremums mit übertragen, jedoch wird nun jede
Lösungsmethode aufgrund der Eigenschaften des zur Berechnung des lokalen Extremums benutzten Gradienten
vom Anfangspunkt der Iteration abhängig.

Dies ist ein zentrales Problem, auf das man immer
wieder bei den mathematischen Methoden der nichtlinearen Programmierung stößt. Als Beispiel diene das
Cauchy-Verfahren des "steilsten Anstiegs", das mit
Hilfe eines vorgegebenen Punktes x^i und den ersten
partiellen Ableitungen der P-Funktion in diesem Punkte
den nächsten Lösungspunkt x^{i+1} erzeugt.

$$2.3.1 \qquad x^{i+1} = x^i + \lambda^i \, \triangledown P \, (x^i)$$

λ^i ist der kleinste nicht negative Wert aller λ ,
so daß P (x) entlang $\triangledown$ P (x) ausgehend von x^i einen
maximalen Wert annimmt.

Ein derart gewähltes λ^i bedingt die Relation

$$2.3.2 \qquad \triangledown^T P \, (x^{i+1}) \cdot \triangledown P \, (x^i) = 0 \; .$$

Mit Hilfe dieser Relation kann die Existenz stationärer
Punkte und die Eindeutigkeit der Lösung für konvexe
Probleme bewiesen werden.

Ein nichtkonvexes Beispiel wird in Abb. 2 gegeben.
f (x) ist die Zielfunktion, die über dem schraffierten
Bereich maximiert werden soll. Der zulässige Bereich
ist gegeben durch eine lineare Restriktion g_1 und eine

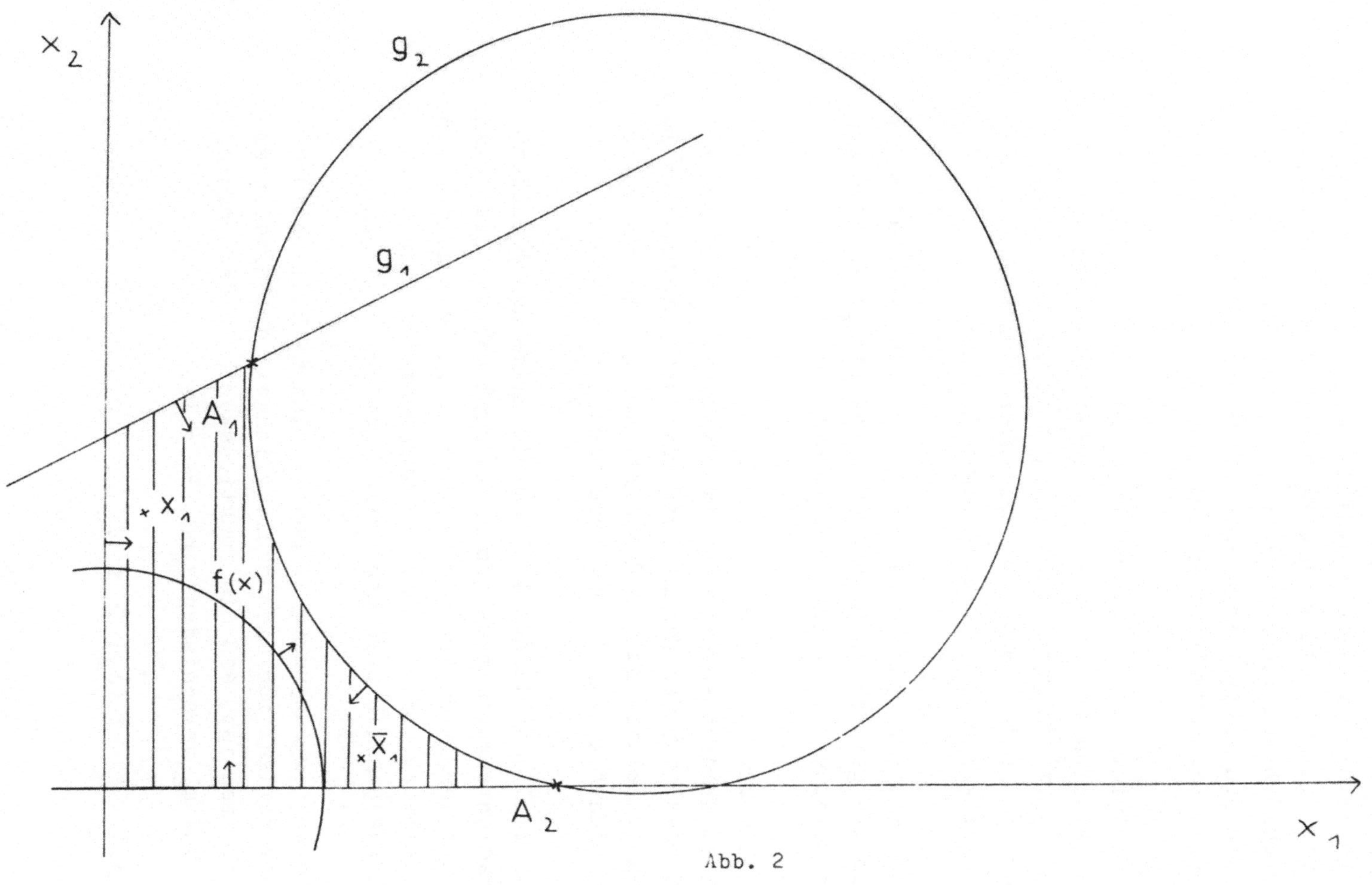

Abb. 2

nichtlineare konvexe Restriktion g_2 (x). Außerdem
wird verlangt, daß x_1 und x_2 nur positive Werte annehmen. Durch diese Angaben ist der zulässige Bereich eindeutig festgelegt. Er wird in Abb. 2 durch
senkrechte Schraffierung dargestellt.

Die Pfeile, die senkrecht zu einer Tangentialfläche
der Zielfunktion f (x) und der Restriktionen g_1 (x)
und g_2 (x) eingezeichnet sind, stellen die Richtung
des Gradienten in dem betreffenden Punkte dar. Alle
Pfeile weisen in den zulässigen Bereich.

An diesem Beispiel soll gezeigt werden, wie das Ergebnis des gerade beschriebenen Gradientenverfahrens vom
Anfangspunkt der Iteration abhängt.
In Abb. 2 werden zwei Punkte x_1 und $\bar{x}_1$ als Anfangspunkte zur iterativen Lösung benutzt. Beginnt man mit
einem Gradientenverfahren im Punkte x_1, so wird als
Lösungspunkt des Maximierungsproblems aufgrund der Lage
von x_1 relativ zu den Restriktionen g_1 (x) und g_2 (x)
der Punkt A_1 als Lösung berechnet.

Nun wird das gleiche Problem mit Hilfe des gleichen
Gradientenverfahrens zum zweitenmal gelöst. Als Anfangspunkt der Iteration wird aber anstelle von x_1 der Punkt
$\bar{x}_1$ gesetzt. Die Lösung, die aufgrund des geänderten
Anfangspunktes berechnet wird, ist der Punkt A_2.

Die Konvergenzpunkte A_1 und A_2 sind nicht identisch.
Entscheidend für die Unzulänglichkeit der Gradientenverfahren ist, daß die Funktionswerte in den Punkten
A_1 und A_2 verschieden sind. Es gilt:

$$2.3.3 \qquad f (A_2) > f (A_1) .$$

Da in diesem Beispiel nur zwei relative Maxima vorhanden sind, geht aus der Umgleichung 2.3.3 eindeutig hervor, daß der Punkt A_2 das globale Maximum ist.
Das Gradientenverfahren selbst hat aber keinen Einfluß
darauf, welcher Punkt - A_1 oder A_2 - als Lösung des
Maximierungsproblems angegeben wird. Die Berechnung
von A_1 und A_2 hängt von der willkürlichen Wahl der
Anfangspunkte x_1 und $\bar{x}_1$ ab.

Eine effizientere Gradientenmethode - die verallge-
meinerte Newton-Methode [1] - benutzt bei der Berechnung
des nächsten Iterationspunktes die zweiten partiellen
Ableitungen der P-Funktion.

$$2.3.4 \quad x^{i+1} = x^i + \lambda^i \, (\nabla^2 P\,(x^i))^{-1} \, \nabla P\,(x^i)$$

λ^i bedeutet wiederum die Schrittlänge entlang der
Richtung $(\nabla^2 P\,(x^i))^{-1} \, \nabla P\,(x^i)$, nach der P (x)
einen maximalen Wert angenommen hat. Die Begründung
für die Gleichung 2.3.4 liefert die Taylor-Entwicklung
bis zum Glied zweiter Ordnung in den partiellen Ableitungen.

Obwohl die Newton-Methode in vielen praktischen Fällen
schnell konvergiert, besitzt sie folgende Nachteile:

1. Die Inverse von $\nabla^2 P\,(x^i)$ muß nicht immer
   existieren.

2. Der Funktionswert in x^{i+1} muß bei einem nichtkonvexen Problem nicht immer kleiner werden, obwohl das Minimum noch nicht erreicht ist.

Da im Abschnitt 3 die lokale Konvergenz gefordert wird,
müssen die Nachteile 1 und 2 behoben werden.

---

1) Siehe Literaturangabe (2)

Das Problem liegt bei der Bestimmung der Richtung s^i, in der der nächste Iterationspunkt x^{i+1} gesucht werden soll.

$$2.3.5 \qquad x^{i+1} = x^i - \lambda^i \cdot s^i$$

λ^i ist der kleinste Wert von $\lambda > 0$, für den $P(x)$ in Richtung s^i ein lokales Minimum annimmt.

Gewöhnlich setzt man

$$2.3.6 \qquad s^i = \nabla P(x^i) \qquad oder$$

$$2.3.7 \qquad s^i = (\nabla^2 P(x^i))^{-1} \cdot \nabla P(x^i).$$

Um die genannten Nachteile zu beseitigen, wird die Wahl von s^i in Abhängigkeit vom Vorzeichen der Eigenwerte der Matrix $\nabla^2 P(x^i)$ vorgenommen.

Angenommen, man bestimmt zur Minimierung einer Zielfunktion $f(x)$ den nächsten Iterationspunkt laut Gleichung 2.3.5. Die Fortschreitrichtung s^i wird nach Gleichung 2.3.7 bestimmt.
Da das Minimierungsproblem mit Hilfe des P-Funktionsformalismus gelöst wird, steht in Gleichung 2.3.7 die Matrix der zweiten partiellen Ableitungen der P-Funktion. Ist das Programmierungsproblem nicht konvex, so besteht die Möglichkeit, daß die Eigenwerte der Matrix $\nabla^2 P(x^i)$ ihr Vorzeichen ändern, je nachdem, an welcher Stelle x^i die zweiten Ableitungen gebildet werden.

Eine derartige Änderung des Vorzeichens bewirkt, daß in Gleichung 2.3.5 anstelle des Minuszeichens ein Pluszeichen erscheint. Da die so veränderte Gleichung 2.3.5 nur in einem Maximierungsformalismus vorkommen kann,

steht sie zu der ursprünglich beabsichtigten Minimierung der Zielfunktion in Widerspruch. Das Rechenverfahren bricht also ab, ohne ein lokales Extremum
berechnet zu haben.
In den obigen Erklärungen wurde von der ursprünglich
beabsichtigten Minimierung einer Zielfunktion ausge-
gangen. Bei einer ursprünglich beabsichtigten Maximierung einer nichtkonvexen Zielfunktion entsteht der
genannte Widerspruch in genau umgekehrter Weise.

Um das nutzlose Ergebnis und den Abbruch des Rechen-
verfahrens aufgrund des aufgezeigten Widerspruchs zu
vermeiden, werden entsprechend den Vorzeichen der Eigenwerte der Matrix $\nabla^2 P(x^i)$ folgende Fallunterscheidungen vorgenommen.

a) Falls $\nabla^2 P(x^i)$ einen negativen Eigenwert besitzt, so möge für den Vektor s^i gelten:

2.3.8 $\quad (s^i)^T (\nabla^2 P(x^i)) s^i < 0$ und

2.3.9 $\quad s^i \nabla P(x^i) \leq 0.$

b) Falls alle Eigenwerte von $\nabla^2 P(x^i)$ größer oder
   gleich Null sind, wähle man s^i, so daß entweder

2.3.10 $\quad (\nabla^2 P(x^i)) \cdot s^i = 0, \; s^T \nabla P(x^i) < 0 \quad$ oder

2.3.11 $\quad (\nabla^2 P(x^i)) \cdot s^i = - \nabla P(x^i)$

gilt.

Eine der beiden Möglichkeiten a) oder b) ist offensichtlich immer ausgeschlossen.
Mit Hilfe der Regeln a) und b) lassen sich für jede Möglichkeit Vektoren $s^i \neq 0$ bestimmen, mit der einen Aus-
nahme:

$$\nabla^2 P\,(x^i)$$

positiv semidefinit und

$$\nabla P\,(x^i) = 0.$$

In diesem Fall erfüllt aber x^i bereits die notwendigen Bedingungen für ein lokales Minimum. Damit ist aufgrund der Auswahlregeln die Möglichkeit gegeben, bei der Lösung eines indefiniten Programmierungsproblems irgendein lokales Extremum zu finden.

Die Verfeinerung des Newton'schen Gradientenverfahrens bezüglich der Vorzeichen der Eigenwerte der Matrix $\nabla^2 P\,(x^i)$ verhilft aber in keiner Weise dazu, den lokalen Charakter dieser Lösungsmethode zu beseitigen. Das berechnete lokale Extremum hängt somit immer noch von der willkürlichen Wahl des Anfangspunktes zur iterativen Lösung ab, wie es in Abb. 2 dargestellt ist.

Von A. Orden und K. Ritter [1] wurden zuerst Vorschläge zur Lösung indefiniter Programmierungsprobleme gemacht, für den Fall, daß die Zielfunktion eine indefinite quadratische Form

$$f\,(x) = c'\,x + \frac{1}{2}\,x'\,C\,x$$

ist, und die Restriktionen linear sind. Der zulässige Bereich sei

$$B = \left\{\, x\,/\,A\,x \leq b \right\}.$$

A ist eine (m x n) - Matrix und b ein Spaltenvektor mit m Elementen. B sei abgeschlossen und enthalte nicht das Element x = 0.

---

1) Siehe Literaturangabe (9) und (11)

Gesucht ist die globale Lösung von

$$\max \left\{ f(x) \, / \, x \in B \right\}$$

Zunächst wird eine Transformation vorgenommen, so daß die Zielfunktion über einer bestimmten Hilfshyperfläche

$$d'x = t$$

konkav wird.

Dazu wird die Existenz eines Vektors d mit n Elementen und einer $(n - 1, n)$ - Matrix M vom Rang $n - 1$ angenommen, so daß gilt:

$$M \times d = 0, \; d'x > 0 \qquad \text{für alle } x \in B$$

und $\qquad M \cdot C \cdot M'$

positiv semidefinit ist.

Als Optimalitätskriterium dienen die Kuhn-Tucker-Bedingungen, die aufgrund der Beschränkung auf eine quadratische Zielfunktion und lineare Nebenbedingungen ein lineares Gleichungssystem liefern. Somit können die Lösungen für verschiedene t mit Hilfe der Simplex-methode berechnet werden. In dieser Weise kann durch Veränderung von t der gesamte zulässige Bereich abgetastet werden. K. Ritter zeigt, daß nur endlich viele Möglichkeiten zur Aufstellung der Hilfsprobleme vorhanden sind, so daß die Lösungsmethode konvergiert.

Eine Erweiterung dieser Methode ist wohl nicht möglich, da man an die Linearität des Gleichungssystems gebunden ist, das mit Hilfe der Kuhn-Tucker-Bedingungen erzeugt wird.

Für den Fall, daß die Zielfunktion nicht quadratisch
ist, oder nichtlineare Restriktionen vorkommen, ist
man auf heuristische Lösungsverfahren angewiesen.

Ein Vorschlag von R. Frisch [1] beinhaltet folgendes:
Aufgrund der Anwendung eines Gradientenverfahrens zur
Lösung eines nichtkonvexen Maximierungsproblems erhält
man ein lokales Maximum. Nun wird versucht, "so weit
wie möglich" von der erhaltenen Lösung entfernt einen
neuen zulässigen Anfangspunkt zu finden, in welchem das
gleiche Gradientenverfahren erneut angesetzt wird, um
möglicherweise zu einem neuen lokalen Extremum zu ge-
langen, das einen höheren Funktionswert der Zielfunktion
liefert, als das zuerst gefundene Extremum.
Der Erfolg ist aber keineswegs sichergestellt, da mathematisch nicht gezeigt werden kann, welche Teile des zulässigen Bereichs untersucht werden müssen oder welche
nicht.

Bis zum heutigen Zeitpunkt wurden zahlreiche heuristi-
sche Verfahren zur Lösung nichtkonvexer Programmierungsprobleme veröffentlicht.
In der Dissertation von R. Pfranger [2] wird folgender
Grundgedanke vertreten:
Man wähle willkürlich einen Punkt aus dem zulässigen Bereich eines Maximierungsproblems und lege durch ihn ein
Strahlenbündel. Die Schnittpunkte der einzelnen Strahlen
mit der Randfläche des zulässigen Bereichs bilden die
Anfangspunkte, in denen jeweils ein lokales Iterations-
verfahren angesetzt wird. Das führt zu einer bestimmten
Anzahl lokaler Extrema, von denen man annimmt, daß das
größte das globale Extremum sei.

Der willkürliche Charakter, der gewöhnlich in der Wahl
der Anfangspunkte der Iteration liegt, wird durch die

---

1) Siehe Literaturangabe (4)
2) Siehe Literaturangabe (10)

Konstruktion des Strahlenbündels zurückverlegt in
die Wahl des Punktes, durch den das Strahlenbündel
geht.

Die nun zu behandelnden Fragen lauten:

1) Welche Methoden können erarbeitet werden, um von
   einem lokalen Extremum zu einem - im Sinne der
   Zielvorstellung - besseren Extremum fortzuschrei-
   ten ?

2) Läßt sich ein Problemkreis mathematisch formulieren,
   in dem - mit einer noch herauszufindenden Methode -
   a l l e existierenden lokalen Extrema berechnet
   werden können ?

Im Abschnitt 4 dieser Arbeit werden derartige nichtkonvexe Probleme, zu dessen Lösung man bisher auf heuristische Verfahren angewiesen war, eindeutig gelöst.
Unter mathematisch formulierten Voraussetzungen wird
das globale Maximum einer Zielfunktion über einem nichtzusammenhängenden Bereich mit Sicherheit berechnet.

3. EIN OPERATORFORMALISMUS ZUR LÖSUNG NICHT-KONVEXER PROGRAMMIERUNGSPROBLEME

3.1 Der Grundgedanke des Verfahrens

Definition des Problems A:

$$\max \left\{ f(x) \; / \; g_i(x) \geq 0, \; i = 1 \ldots m \right\},$$

$$x \in R^n,$$

$f(x)$ und $g_i(x) \geq 0$, $i = 1 \ldots m$ seien stetige und zweimal eindeutig differenzierbare Funktionen. Ihre Niveauflächen seien geschlossene Hyperflächen im R^n.

Der Rand des zulässigen Bereichs

$$B = \left\{ x \; / \; g_i(x) = 0, \; i = 1 \ldots m \right\}$$

sei approximierbar durch eine Menge konvexer Funktionen $b_i(x) = 0$, $i = 1 \ldots m_b$, mit $m_b \geq m$.

Es möge eine endliche Anzahl m_e relativer Maxima auf dem Rand von B existieren.

Die Folge der Maxima sei

$$f(x^i) = c_i, \qquad i = 1 \ldots m_e,$$

mit $c_1 \leq c_2 \ldots \leq c_{me}$.

Das so definierte komplexe Problem A wird in eine endliche Anzahl von Teilproblemen zerlegt. Man setze zunächst in irgend einem zulässigen Punkt x_z ein Gradientenverfahren in Gang, das auf den Darlegungen des Abschnitts 2.3 basiert.

Die Lösung sei der Punkt 1A. In 1A gilt für eine
bestimmte Anzahl $k \leq m$ von Restriktionen $g_k(x) = 0$.

Durch Vertauschen der Operatoren min und max und entsprechende Umkehr der Gradienten dieser bindenden Restriktionen sollen systematisch neue Anfangspunkte
zur Lösung des Problems A konstruiert werden mit der
Eigenschaft, daß jeder so entstandene Anfangspunkt,
wenn ein Gradientenverfahren in ihm angesetzt wird,
einen höheren Funktionswert liefert als den vorherigen.

3.2 Erklärung der Hilfsschritte

Definition:

$$3.2.1 \qquad G_1 = \left\{ k \;/\; g_k(x) = 0, \; k = 1 \ldots m \right\}.$$

G_1 bezeichnet die Menge der Restriktionen, die im Konvergenzpunkt 1A bindend ist.

Man wähle ein beliebiges k aus G_1 und bilde folgende
zwei Hilfsprobleme.

Erstes Hilfsproblem (HP1):

$$3.2.2 \qquad \min \left\{ g_k(x) \;/\; g_i(x) \geq 0, \; f(x) - c_1 = 0, \right.$$
$$\left. i \neq k, \; i = 1 \ldots m \right\},$$
$$\text{mit } c_1 = f(1A).$$

In dem so definierten Hilfsproblem ist 1A laut Kon-
struktion ein zulässiger Punkt. 1A dient somit als
Anfangspunkt für eine iterative Lösung von HP1. Die
Lösung sei $1A_k^1$.

Zweites Hilfsproblem (HP2):

3.2.3 $\qquad \max \big\{ g_k(x) \,/\, g_i(\dot{x}) \geq 0,\ i = 1 \ldots m,\ i \neq k$

$\qquad\qquad f(x) - c_1 \geq 0,\ K(1A) \geq 0 \big\}$ $\quad$ mit

3.2.4 $\qquad K(1A) = \displaystyle\sum_{i=1}^{n} (x_i - 1A_i)^2 - (1AB)^2$

$1A_i,\ i = 1 \ldots n\ =$ Komponenten des Lösungspunktes 1A

$1AB \qquad\qquad =$ Abstand zwischen den bereits de-
$\qquad\qquad\qquad\qquad$ finierten Punkten 1A und $1A_k^1$.

Die Hilfsrestriktion K (1A) stellt eine Kugelhyperfläche
dar mit dem Zentrum in 1A. Durch die Einführung von
K (1A) soll verhindert werden, daß der Punkt 1A als Lösung von HP2 auftreten kann.
Um einen singulären Fall aus der Betrachtung auszu-
schließen, muß folgende Gradientenbedingung 3.2.7 zwischen der Zielfunktion f (x) und der Hilfsrestriktion
als erfüllt vorausgesetzt werden.

Definitionen:

3.2.5 $\qquad \nabla K(1A) \,/\, {}_{1A_k^1} = \vec{e}_1 \cdot a$

3.2.6 $\qquad \nabla (f(x) - c_1) \,/\, {}_{1A_k^1} = \vec{e}_2 \cdot b$

$\vec{e}_1,\ \vec{e}_2 =$ Einheitsvektoren

a, b $\quad=$ zwei Konstanten

Die Gleichungen 3.2.5 und 3.2.6 stellen die Gradienten der Funktionen K (1A) und f (x) - c_1 an der Stelle $1A_k^1$ dar.

Mit Hilfe der Definitionen lautet die Gradientenbedingung

$$3.2.7 \qquad \vec{e}_1 \cdot \vec{e}_2 \neq \pm 1 \ .$$

Durch die Bedingung 3.2.7 wird ausgeschlossen, daß im Punkte $1A_k^1$ die Gradienten der Zielfunktion f (x) und der Hilfsrestriktion K (1A) in ein und derselben Richtung liegen.

$1A_k^1$ ist laut Konstruktion ein zulässiger Punkt des Hilfsproblems HP2 und wird als Anfangspunkt für die iterative Lösung benutzt. Die Lösung sei $1A_k^2$.

Man teste die Eigenschaften von $1A_k^2$ bezüglich des ursprünglichen Problems A. Von vornherein steht fest, daß der Funktionswert f (x) = c_1 im Punkt $1A_k^2$ nicht unterschritten wird. Ungewiß ist noch, ob gilt

$$1A_k^2 \in B.$$

Es bestehen die Möglichkeiten:

a) $1A_k^2$ ist kein Element von B; dann wähle erneut ein anderes k aus G_1.

b) Falls $1A_k^2$ in B enthalten ist, löse

$$3.2.8 \qquad \max \left\{ f (x) \ / \ g_i (x) \geq 0, \ i = 1 \ldots m \right\}$$

mit dem Anfangspunkt $1A_k^2$. Die Lösung sei 2A.

<u>Behauptung:</u>

3.2.9 $\qquad f(2A) \geq f(1A)$.

<u>Beweis:</u>

Der Beweis ergibt sich aus dem Aufbau der zwei Hilfsprobleme 3.2.2 und 3.2.3.
Im Hilfsproblem 3.2.2 ist die Restriktion $f(x) - c_1 = 0$ enthalten. Die Lösung von 3.2.2 ist $1A_k^1$. $f(1A_k^1)$ kann nicht kleiner als $f(1A)$ sein, da die oben genannte Restriktion dies nicht zuläßt.

Im Hilfsproblem HP2 ist die Restriktion $f(x) - c_1 \geq 0$ enthalten. Setzt man in diese Ungleichung den Lösungspunkt $1A_k^2$ ein, so gilt

3.2.10 $\qquad f(1A_k^2) \geq c_1 = f(1A)$.

Da der Punkt $1A_k^2$ als Anfangspunkt zur iterativen Lösung des Maximierungsproblems 3.2.8 verwendet wird, kann der Funktionswert im Lösungspunkt 2A nicht kleiner als $f(1A_k^2)$ sein. $f(2A)$ ist also mindestens gleich oder größer als $f(1A_k^2)$. Mit Hilfe der Gleichung 3.2.10 folgt somit

3.2.11 $\qquad f(2A) \geq f(1A_k^2) \geq c_1 = f(1A)$.

Aus 3.2.11 folgt unmittelbar die Behauptung 3.2.9.

In diesem und im folgenden Abschnitt sei vorausgesetzt, daß mindestens ein k die Möglichkeit b) erfüllt. Diese Einschränkung wird im Abschnitt 3.4 fortgelassen.

3.3   Konstruktion und Anwendung des skalaren
       Operators H

Im Abschnitt 3.2 wurden die Elemente des Operators H
dargestellt, der in folgender Weise definiert werden
soll.

$$
3.3.1 \quad H(\min,\max) = \begin{cases} \min \left\{ g_k\,(x)\,/\,g_i\,(x) \geq 0,\ i \neq k, \right. \\ \qquad i = 1 \ldots m,\ f\,(x) - c_1 = 0 \Big\} \\ \qquad \text{für alle } k \in G_1 \\ \max \left\{ g_k\,(x)\,/\,g_i\,(x) \geq 0,\ i \neq k, \right. \\ \qquad i = 1 \ldots m,\ f\,(x) - c_1 \geq 0, \\ \qquad K\,(1A) \geq 0 \Big\} \\ \qquad \text{für alle } k \in G_1 \end{cases}
$$

Die Variable, bezüglich der die Funktionen maximiert
bzw. minimiert werden, ist x.

Die Anwendung von H auf 1A liefert

$$
3.3.2 \qquad H \quad 1A \rightarrow 2A
$$

H bewirkt also die Lösung der Hilfsprobleme HP1 und HP2
für alle k in G_1. Die Anzahl der Elemente in G_1 ist somit gleich der Anzahl der Punkte in der Punktmenge $2A$,
die aus der Anwendung von H auf 1A resultiert. Dies ist
die Bedeutung der Relation 3.3.2.

1A wird als Lösungszustand definiert mit dem Lösungsgrad "1". Die Anwendung von H auf 1A erzeugt die Punktmenge $2A$, die den Bedingungen a) und b) im Abschnitt
3.2 unterworfen werden muß, um zu einem neuen Lösungszustand 2A mit dem Lösungsgrad "2" zu führen.

Im Punkte 2A werden nun die gleichen Betrachtungen
angestellt wie im Punkt 1A, d.h., es wird die der
Menge G_1 entsprechende Menge G_2 konstruiert, die alle
Indizes derjenigen Restriktionen enthält, die im Punkt
2A bindend sind.

Ebenso werden die Hilfsprobleme HP1 und HP2 entsprechend aufgestellt und gelöst. Die zwei Lösungspunkte
der Hilfsprobleme werden mit $2A_k^1$ und $2A_k^2$ bezeichnet.

Die Hilfsrestriktion 3.2.4 lautet nun

$$3.3.3 \qquad K\,(2A) = \sum_{i=1}^{n} (x_i - 2A_i) - (2AB)^2 .$$

Sie geht aus der Gleichung 3.2.4 hervor, indem die "1"
vor jedem Buchstaben "A" durch eine "2" ersetzt wird.
Das gleiche gilt für die Definitionen 3.2.5 und 3.2.6.

Nun kann erneut der Operator H gebildet werden, indem
in der Gleichung 3.3.1 G_1 durch G_2, $f\,(1A) = c_1$ durch
$f\,(2A) = c_2$ und $K\,(1A)$ durch $K\,(2A)$ ersetzt werden.

Dieser Operator wird nun auf 2A angewandt.

$$3.3.4 \qquad H \;\; 2A \rightarrow 3\widehat{A} .$$

Das Ergebnis ist die Punktmenge $3\widehat{A}$. Aus ihr wird aufgrund der Bedingungen a) und b) im Abschnitt 3.2 der
Punkt 3A ausgewählt.

Nun wird erneut der Operator H (min, max) zur Anwendung
auf 3A vorbereitet, indem analog die Größen G_2 durch G_3,
$f\,(2A) = c_2$ durch $f\,(3A) = c_3$ und $K\,(2A)$ durch $K\,(3A)$
ersetzt werden.

Die wiederholte Anwendung von H bewirkt jedesmal
eine Erhöhung des Lösungsgrades um eins.

$$H \quad 1A \to 2 \text{ A}$$
$$H \quad 2A \to 3 \text{ A}$$
$$\vdots$$
$$H \, (l-1) \, A \to l \text{ A}$$

Eine Erhöhung des Lösungsgrades bedeutet, daß ein
weiteres lokales Extremum gefunden wurde, welches
einen höheren Funktionswert liefert.

Den Rechenablauf zeigt folgendes Flußdiagramm (Abb. 3).

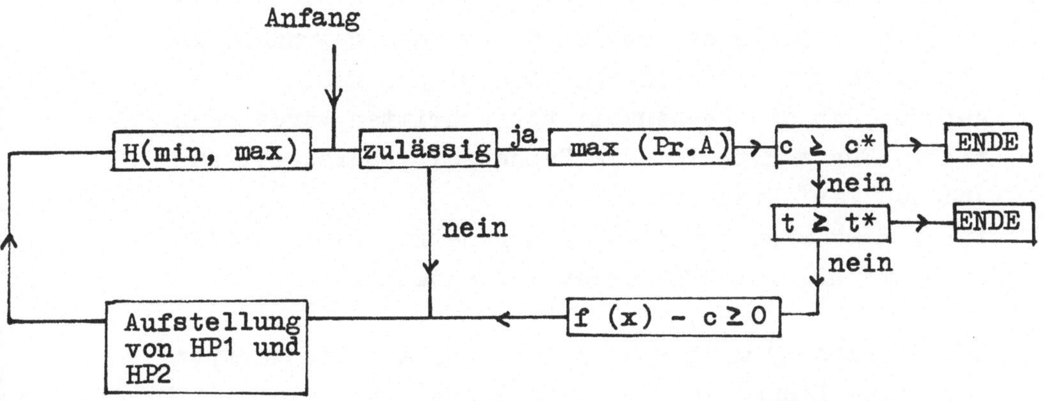

Abb. 3

c = Funktionswert im lokalen Maximum (der jeweiligen Lösung von max $\left\{ \text{Problem A} \right\}$).

c* = Vorgegebener Schwellenwert, den die Zielfunktion erreichen soll.

t* = Vorgegebene Rechenzeit.

Da für die Lösung kein hinreichendes Konvergenzkriterium angegeben werden kann, werden zum Abbruch des Rechenablaufs Schwellenwerte c* und t* vorgegeben.

Das in Abb. 3 dargestellte Flußdiagramm beinhaltet folgendes:
Als Anfang der Rechenschleife dient ein beliebiger im Bereich B zulässiger Punkt. Er wird als Anfangspunkt zur iterativen Lösung des Problems A benutzt. Das Ergebnis ist ein bestimmter Funktionswert c, der mit dem Schwellenwert c* verglichen wird. Ist c bereits größer als c*, so ist die Lösung gefunden; falls nicht, so wird im nächsten Schritt des Flußdiagramms geprüft, ob die Rechenzeit überschritten wurde oder nicht. Für $t \geq t*$ ist die Rechenzeit überschritten und das Verfahren bricht ab;
für $t < t*$ wird $f(x) - c \geq 0$ gesetzt, und die Hilfsprobleme HP1 und HP2 werden aufgestellt.

Der Operator H wird konstruiert und auf die bereits erhaltene Lösung des Problems A angewandt. Ist das Ergebnis zulässig in B, so ist die Rechenschleife geschlossen; ist das Ergebnis jedoch nicht zulässig in B, so werden erneut die Hilfsprobleme HP1 und HP2 aufgestellt, indem ein neues k aus der Menge G_1 gewählt wird.

Nach den Voraussetzungen dieses Abschnitts gibt es in je einer Menge $G_1 \ldots G_l$ mindestens ein k, so daß

der Zulässigkeitstest mit "ja" beantwortet werden
kann. Das Verfahren bricht ab, wenn ein $c \geq c^*$ gefunden wurde oder die vorgegebene Rechenzeit überschritten wird.

3.4 Konstruktion und Anwendung des Vektor-operators HV

Im Abschnitt 3.2 wurde vorausgesetzt, daß in dem jeweiligen Bereich $G_1 \ldots G_l$ immer solch ein k enthalten sein sollte, daß die Auswahlregeln a) und b) im
Abschnitt 3.2 erfüllt wurden. Diese Einschränkung wird
nun fortgelassen.

Angenommen, in G_1 ist kein k, das die Auswahlregeln
a) und b) erfüllt; d.h. in der Punktmenge 2 A ist kein
Punkt enthalten, der im Bereich B des Problems A zulässig ist.

Da jeder Punkt in der Punktmenge 2 A ein Konvergenzpunkt irgendeines Hilfsproblems ist, sind in ihm bestimmte Restriktionen bindend. Die Menge dieser Restriktionen sei bezeichnet durch $\left\{ g_{k'} \right\}_j$.

Der Index j durchläuft die Anzahl der Punkte in der
Punktmenge 2 A.

Der Index k' durchläuft die Anzahl der in dem Punkt
mit dem Index j bindenden Restriktionen.

Die j-te Komponente des Vektoroperators HV wird definiert als

$$
3.4.1 \quad HV_j = \begin{cases} \min \left\{ g_{k'}(x) \;/\; g_i(x) \geq 0,\; i \neq k, \right. \\ \qquad \left. i \neq k',\; i = 1 \ldots m,\; f(x) - c_1 = 0 \right\} \\[4pt] \max \left\{ g_{k'}(x) \;/\; g_i(x) \geq 0,\; i \neq k', \right. \\ \qquad \left. i = 1 \ldots m,\; f(x) - c_1 \geq 0,\; K\,(1A_k^2) \geq 0 \right. \\[4pt] \qquad \text{für alle Elemente in der Menge} \\[4pt] \qquad \left\{ g_{k'} \right\}_j \end{cases}
$$

Der Anfangspunkt zur iterativen Lösung des min-Anteils ist $1A_k^2$, und dessen Lösung dient als Anfangspunkt zur Berechnung des max-Anteils des Operators HV.

Definition des Vektoroperators HV:

$$
3.4.2 \quad HV = \begin{cases} HV_1 \\ \cdot \\ \cdot \\ \cdot \\ HV_j \\ \cdot \\ \cdot \\ \cdot \\ HV_{j_0} \end{cases}
$$

j_0 = obere Grenze der Anzahl der Elemente in $2\overline{A}$.

In jeder Komponente von HV wird verlangt, daß die Lösung des min-Anteils die Restriktion $g_k(x) \geq 0$ erfüllt.

Somit läßt sich die Anwendung von HV auf 1A formulieren:

$$\begin{aligned}
\text{HV } 1 \text{ } 0A &\rightarrow 1\ 1\ \widehat{A} \\
\text{HV } 1\ 1\widehat{A} &\rightarrow 1\ 2\ \widehat{A} \\
&\vdots \\
\text{HV } 1\ s\widehat{A} &\rightarrow 1\ (s + 1)\ \widehat{A}
\end{aligned}$$

3.4.3

Von links nach rechts gelesen bedeutet in Gleichung
3.4.3 die erste Zahl vor A bzw. vor $\widehat{A}$ den "Lösungsgrad" und die zweite Zahl die "Stufenzahl".

Eine Veränderung des Lösungsgrads wird durch den Operator H erreicht, während die Erhöhung der Stufenzahl
durch den Vektoroperator HV bewirkt wird.

Die zwei ganzen Zahlen - Lösungsgrad und Stufenzahl -
legen den "Lösungszustand" des komplexen Problems A
fest, so daß also nach Zerlegung des Problems durch
die Umkehr einzelner Gradienten und durch die Vertau-
schung von Zielfunktion und Restriktionen die einzelnen
Teile nicht außer Kontrolle geraten.

Anschaulich bezeichnet der Lösungsgrad die bisher gefundene Anzahl lokaler Maxima des Problems A, wobei
das lokale Maximum mit dem höchsten Lösungsgrad auch
den größten Funktionswert der Zielfunktion liefert. Die
Stufenzahl besitzt in dem Sinne keine anschauliche Interpretation. Sie wird eher von der speziellen Konstruktion
des Lösungsverfahrens gefordert. Die Punkte, die auf den
vom Operator HV konstruierten Stufen liegen, sind für
das ursprüngliche Problem nicht zulässig. Sie liegen
also nicht im Blickfeld des an das ursprüngliche Pro-

blem gebundenen Beobachters, der seinen Blick nur
auf die zugelassene Lösungsmenge B richtet.

Insofern haben derartige Punkte in der bisherigen
Literatur keine Interpretation erfahren. Im Sinne des
vorgeschlagenen Verfahrens könnte man sie als "Umweg"
durch den nicht zulässigen Bereich betrachten, der zu
einem zulässigen Punkt in B führt. Setzt man in dem
erreichten Punkte wiederum ein Gradientenverfahren an,
so kann ein weiteres lokales Extremum berechnet werden,
das über der bisher erreichten Niveaufläche der Zielfunktion liegt.

Um die obige Aussage mathematisch zu formulieren,
wird die Anzahl der möglichen Punkte auf den einzelnen
Stufen berechnet.

R_{01} = Anzahl der Restriktionen, die im Punkte
1 0 A bindend sind.

$\overline{01}$ = 1

$\overline{s1}$ = Obere Grenze der Anzahl der Elemente auf
der s-ten Stufe, die zum 1-ten Lösungs-
grad gehört.

R_{s1} = Anzahl der Restriktionen, die in irgend-
einem Element der s-ten Stufe, die zum
1-ten Lösungsgrad gehört, bindend sind.

Berechnung der Anzahl der Punkte auf den einzelnen
Stufen, die zum 1-ten Lösungsgrad gehören:

$$3.4.4 \qquad \sum_{01=1}^{\overline{01}} R_{01} = \overline{1\,1}$$

$$\sum_{11=1}^{\overline{11}} R_{11} = \overline{2\,1}$$

$$\vdots$$

$$\sum_{(s-1)1=1}^{\overline{(s-1)1}} R_{(s-1)1} = \overline{s\,1}$$

Die Anzahl der Elemente auf der ersten Stufe, die
zum 1-ten Lösungsgrad gehört, beträgt $\overline{1\,1}$.
$\overline{1\,1}$ ist ebenfalls die obere Grenze der Indexfolge

$$11 = 1,\ 2\ \ldots\ \overline{11}\ .$$

Somit kann rekursiv von der O-ten Stufe an die Anzahl
der Elemente auf der s-ten Stufe berechnet werden.

Mit Hilfe der Zahl $s1$ läßt sich die Folgerung ziehen,
daß der nächsthöhere Lösungsgrad mit Sicherheit erreicht
werden kann, wenn die Anzahl der Elemente auf der s-ten
Stufe kleiner als $\overline{s1}$ ist. Das läßt sich anhand der Konstruktion des Operators HV sofort verifizieren.

Im Flußdiagramm stellt sich der durch den Vektoroperator
HV erweiterte Lösungsablauf wie folgt dar (siehe Abb. 4).

Die Rechnung beginnt an der mit Anfang bezeichneten
Stelle mit der Vorgabe eines zulässigen Anfangspunktes.

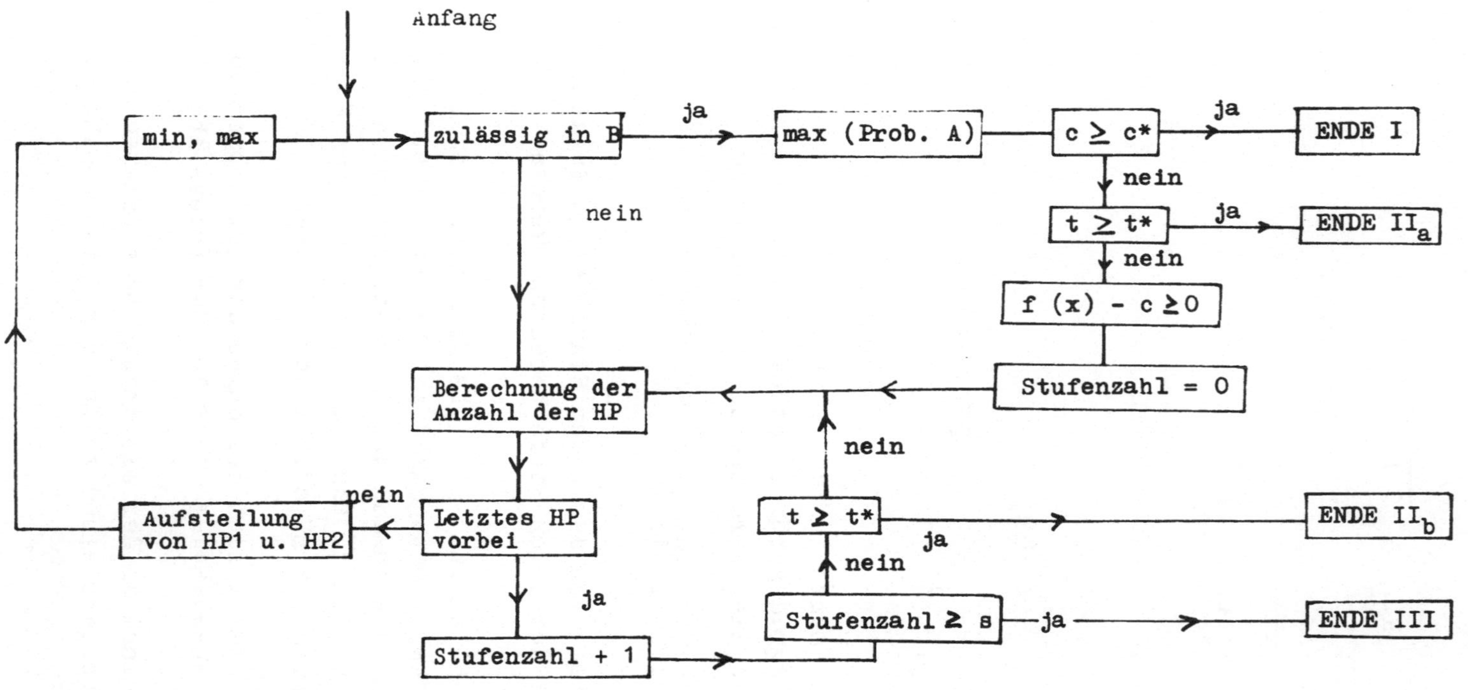

Abb. 4: Flußdiagramm

Von diesem Punkt ausgehend - die Fortschreitrichtung
im Flußdiagramm ist durch Pfeile angegeben - wird das
Problem A iterativ gelöst. Das Ergebnis wird analog
zur Abb. 3 mit dem vorgegebenen Schwellenwert für die
Zielfunktion c* verglichen.
Die nächsten zwei Schritte sind den entsprechenden Anweisungen in Abb. 3 gleich. Dann folgt die Einführung
der Stufenzahl, die in der ersten Schleife gleich Null
gesetzt wird und in einer zweiten Anweisung in jedem
Durchlauf um eine Einheit erhöht wird, um die Kontrolle
für die Anweisung "Stufenzahl   s" vorzubereiten.

Die Anweisung "Berechnung der Anzahl der Hilfsprobleme
HP" führt die Rechnung der Gleichung 3.4.4 durch. Die
Anzahl der Punkte auf den Stufen s, die zu einem be-
stimmten Lösungsgrad l gehören, ist nämlich gleich der
Anzahl der Hilfsprobleme, deren Lösungen diese Punkte
sind. Wenn das letzte Hilfsproblem gelöst ist, wird die
Stufenzahl um eine Einheit erhöht. Anschließend werden
zwei Kontrollanweisungen durchlaufen, die die vorgegebene
Stufenzahl s und die Rechenzeit t* überprüfen.

Laut Gleichung 3.4.4 wird nun rekursiv entsprechend
der neuen Stufenzahl die Anzahl der Hilfsprobleme berechnet. Damit ist die Schleife, die die Veränderung
der Stufenzahl betrifft, geschlossen.

Ein "Eingang" in diese Schleife befindet sich an den
Stellen "zulässig in B, nein" und "Stufenzahl = 0".
Ein "Ausgang" befindet sich an den Stellen "zulässig
in B, ja", ENDE II_b und ENDE III.

Als externe Information werden die Angaben über die
Zielfunktion f (x), die Restriktionen g_i (x), i = 1 ... m,

den Schwellenwert c^*, die Stufenzahl s und die zur
Verfügung stehende Rechenzeit t^* benötigt. Die Grös-
sen c^*, s und t^* bewirken, daß der Formalismus abbricht, wenn bestimmte Zielvorstellungen oder Erwar-
tungen des Benutzers erfüllt sind. Wenn der Benutzer
die erfolgreiche Lösung eines Maximierungsproblems davon abhängig macht, daß die Zielfunktion einen bestimmten Wert erreichen muß, der aufgrund einer übergeordneten Überlegung verlangt wird, so kann dies in
der Wahl eines bestimmten c^* im Programm zum Ausdruck
gebracht werden. Anhand ähnlicher Kriterien werden die
Stufenzahl s und die Rechenzeit t^* vorgegeben.

Zur Bestimmung der Stufenzahl wäre es sehr nützlich,
wenn sich eine weitere externe Information bereitstel-
len ließe, nämlich die Berechnung der Wahrscheinlichkeit, mit der auf der Stufe s + 1 ein lokales Extremum
zu erwarten sei. Die Möglichkeit wird im nächsten Abschnitt behandelt.

3.5 Darstellung des Ergebnisses anhand eines Niveauschemas

Das Wesentliche des Lösungsablaufs besteht in der Anwendung der Operatoren H und HV auf die Lösungszustände
des Problems A. Mathematische Zusammenhänge, die mit
Hilfe von Operatoren formuliert werden, lassen sich in
einem Niveauschema darstellen (Abb. 5).

Die einzelnen Niveaus werden durch waagerechte Linien
angegeben, die durch bestimmte Kombinationen des Lösungsgrades l und der Stufenzahl s charakterisiert werden.

Die Punkte auf den Linien mit verschiedenem Lösungsgrad bezeichnen die gefundenen lokalen Extrema. Auf
den Linien mit gleichem Lösungsgrad, aber verschiedener
Stufenzahl, liegen die Punkte, die im ursprünglichen
Bereich B nicht zulässig sind. Es sind die vom Operator HV konstruierten Hilfspunkte.

Die maximale Anzahl der Hilfspunkte wird am rechten
Ende jeder Linie angegeben. Für eine allgemeine Stufe
$l = l_1$ und $s = s_1$ lautet diese Zahl $\overline{s_1 l_1}$. Sie wird laut
Gleichung 3.4.4 rekursiv berechnet.

Der Zustand, der durch $l = 1$ und $s = 0$ charakterisiert
wird, ist das erste lokale Extremum, das berechnet wurde. Alle bisher angewandten Verfahren gehen nur bis zu
diesem Lösungszustand des Maximierungsproblems, mit dem
Zusatz: für konvexe Probleme ist 1A die globale Lösung,
ist das Problem nichtkonvex, so kann keine Aussage über
das globale Extremum getroffen werden.

Schreitet man nach den Anweisungen dieses Verfahrens
fort, wie es im Flußdiagramm dargestellt ist, so wird
durch Anwendung des Operators HV der Lösungszustand mit
$l = 1$ und $s = 1$ erzeugt. In diesem Zustand befinden sich
$\overline{11}$ Punkte. Nach (s_1)-maliger Anwendung von HV wird der
Lösungszustand $l = 1$ $s = s_1$ erreicht.

Ist ein Element in diesem Zustand im Bereich B zulässig, so kann das zweite lokale Extremum zu einem höheren Funktionswert berechnet werden. In dieser Weise
kann man fortschreiten, bis eines der Abbruchkriterien
c*, s oder t* erfüllt wird.

Ein notwendiges und hinreichendes Konvergenzkriterium
kann nach den bisherigen Untersuchungen für diesen For-

malismus zur Lösung des allgemein formulierten Problems A noch nicht angegeben werden. Ein notwendiges Konvergenzkriterium besteht darin, daß die Zustände, die durch HV erzeugt werden, keine Zyklen bilden dürfen.

Zur globalen Lösung des spezieller formulierten nicht-konvexen Problems B im Abschnitt 4 können notwendige und hinreichende Kriterien angegeben werden.

Ein in dieser Art aufgebauter Lösungsformalismus gestattet es, eine weitere externe Information rechentechnisch auszuwerten.

Angenommen, ein Benutzer weiß aufgrund empirischer Tatsachen, daß mit bestimmten Wahrscheinlichkeiten $p_1 \ldots p_j$ eine gewisse Anzahl von Restriktionen $g_1 \ldots g_j$ im globalen Optimum bindend sein werden, so war diese zusätzliche Information bei bisherigen Lösungsverfahren nicht zu verwerten. In diesem Fall kann der Operator HV die Information aufnehmen, indem er entsprechend verändert wird.

Gewöhnlich überführt HV alle Punkte des Zustands $l = 1$, $s = 1$ in der Folge $1, 2, \ldots \overline{11}$ in den Zustand $l = 1$, $s = 2$.

Sind nun in den Lösungspunkten des Zustands $(1, 1)$ Restriktionen g_j bindend, so wird HV dementsprechend die natürliche Reihenfolge $1, 2 \ldots \overline{11}$ ändern und zuerst den Punkt in den Zustand $(1, 2)$ überführen, in dem die Restriktion g_j mit dem größten p_j bindend ist, da laut Information auf dieser Hyperfläche das globale Extremum mit der größten Wahrscheinlichkeit zu erwarten ist.

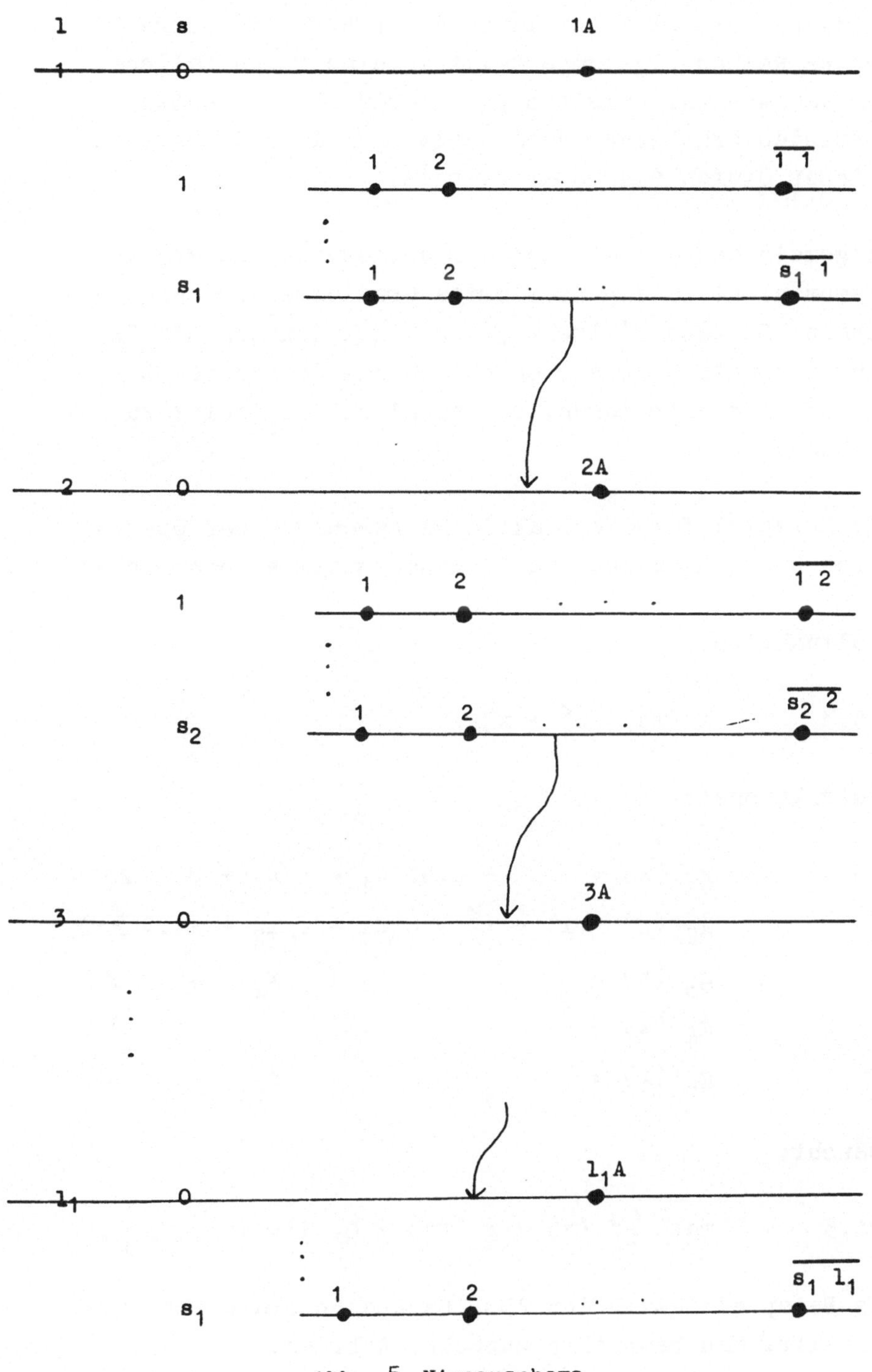

Abb. 5 Niveauschema

In dieser Art wird fortlaufend durch HV die vorgegebene Reihenfolge umgestellt in eine Folge fallen-
der Wahrscheinlichkeiten p_j. Hierdurch kann unter
Umständen erhebliche Rechenzeit und die Bildung zahl-
reicher Stufen eingespart werden.

Allgemein betrachtet, ist der vorgeschlagene Formalismus nicht an ein bestimmtes Gradientenverfahren gebunden. Es kann vielmehr jedes lokal konvergente Verfahren benutzt werden, entsprechende Operatoren H
und HV zu konstruieren, um das globale Extremum zu berechnen.

Als Beispiel für die praktische Anwendung der Operatoren H und HV diene das folgende Maximierungsproblem.

Zielfunktion:

$$3.5.3 \qquad f(x) = x_1^2 + x_2^2$$

Restriktionen:

$$
\begin{aligned}
3.5.4 \qquad g_1(x) &= - 0.53\,x_1 - x_2 + 8 \geq 0 \\
g_2(x) &= x_1^2 + x_2^2 - 8\,x_1 - 6\,x_2 + 14.5 \geq 0 \\
g_3(x) &= - x_1 + x_2 + 4 \geq 0 \\
g_4(x) &= x_1 \geq 0 \\
g_5(x) &= x_2 \geq 0
\end{aligned}
$$

Gesucht:

$$3.5.5 \qquad \max \left\{ f(x) \, / \, g_i(x) \geq 0,\ i = 1 \ldots 5 \right\}.$$

Das Beispiel ist in den Abb. 6a und 6b graphisch dargestellt. Man betrachte zunächst Abb. 6a.

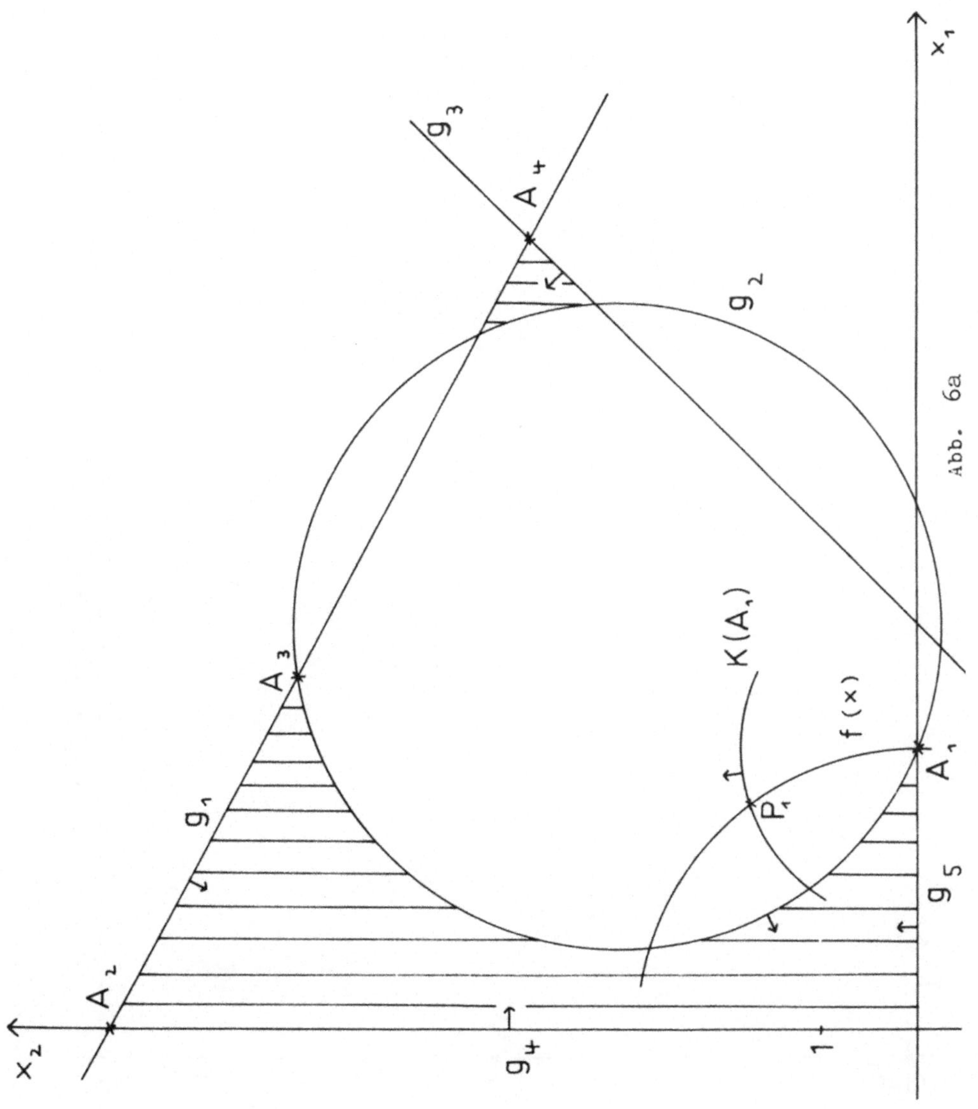

Abb. 6a

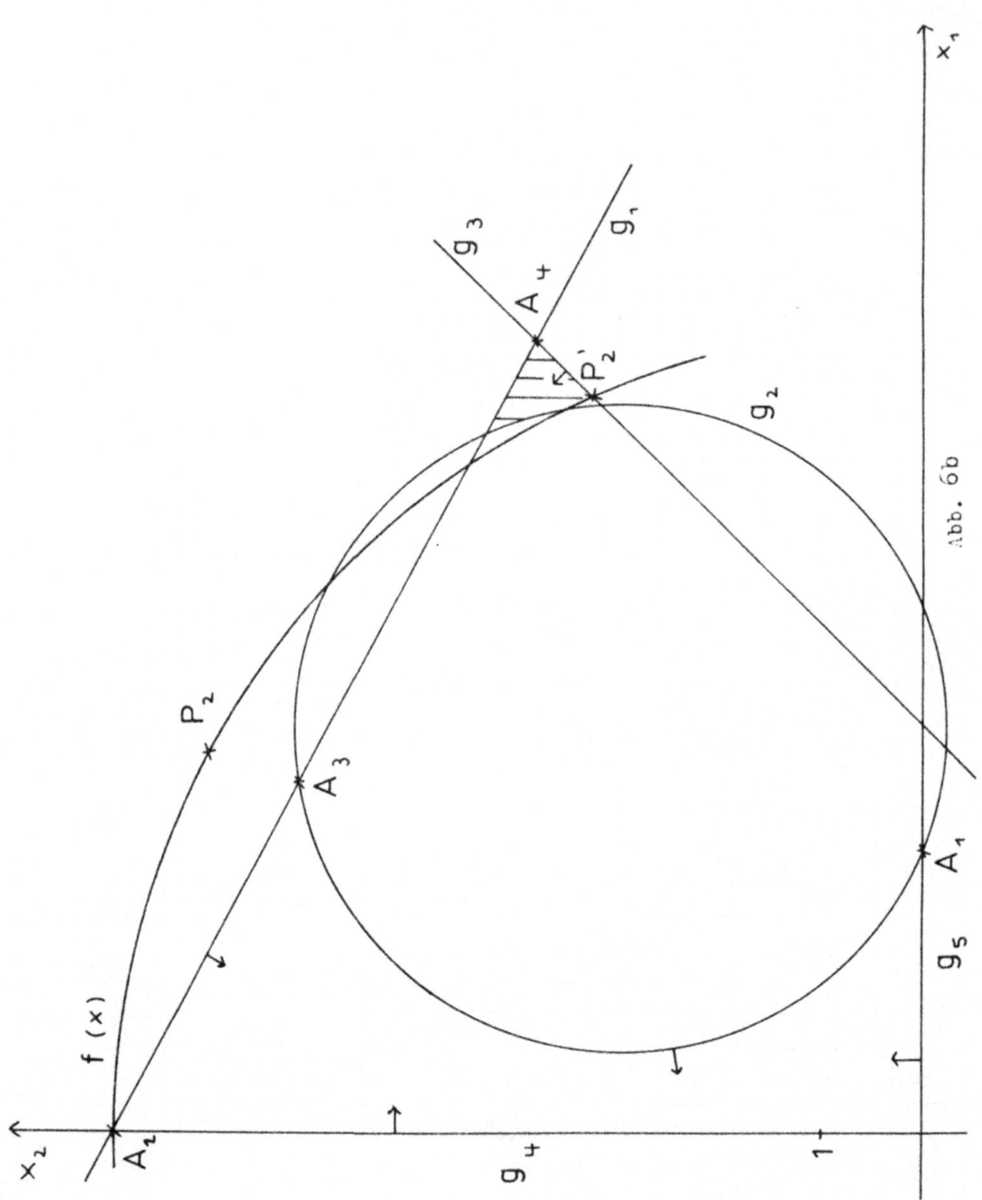

x_1
x_2
g_3
g_1
g_2
A_4
P_2'
A_3
P_2
A_1
A_2
f(x)
g_5
g_4
1
Abb. 6b

Die zu maximierende Zielfunktion ist mit $f(x)$ bezeichnet. Der zulässige Bereich ist senkrecht schraffiert und besteht aus zwei nichtzusammenhängenden Teilbereichen. Die Randflächen des Bereichs werden durch vier lineare Restriktionen $g_1(x)$, $g_3(x)$, $g_4(x)$, $g_5(x)$ und eine nichtlineare Restriktion $g_2(x)$ gebildet. Die Pfeile senkrecht zu einer Tangentialebene der Zielfunktion und der Restriktionen geben die Richtung des Gradienten der betreffenden Funktion in dem bestimmten Punkte an.
Die Lösung dieses nichtkonvexen Maximierungsproblems geschieht durch zweimalige Anwendung des Operators H. Zur Durchführung der einzelnen Rechenschritte und zur Konstruktion von H wird das in Abschnitt 2.3 besprochene lokale Gradientenverfahren benutzt.

Man beginnt mit der Vorgabe eines zulässigen Anfangspunktes aus dem schraffierten Bereich und berechnet iterativ ein lokales Extremum. Angenommen, die Lösung sei der Punkt A_1 in Abb. 6a.

Nun befindet sich das Maximierungsproblem in dem Lösungszustand, der durch die Angabe der Koordinaten von A_1 und der im Punkt A_1 inzidenten Restriktionen festgelegt ist.
Auf diesen Lösungszustand wird der Operator H angewandt.
Das bedeutet:

a) es wird das Minimum der in A_1 bindenden Restriktion $g_2(x)$ bezüglich der Restriktionen $g_1(x)$, $g_3(x)$, $g_4(x)$, $g_5(x)$ und $f(x) - f(A_1) = 0$ berechnet. Als Anfangspunkt zur iterativen Lösung dient der Punkt A_1; die Lösung ist der Punkt P_1.

b) es wird das Maximum der Funktion g_2 (x) bezüglich der unter a) genannten Restriktionen zuzüg-
lich der Hilfsrestriktion K (A_1) und der Restriktion f (x) - f (A_1) $\geq$ 0 berechnet.
Als Anfangspunkt zur iterativen Lösung dient der
Punkt P_1; die Lösung ist A_2.

Da der Punkt A_2 im schraffierten Bereich in Abb. 8a zulässig ist, muß die Möglichkeit b) des Abschnitts 3.2
in Betracht gezogen werden. Folglich dient A_2 als Anfangspunkt des Maximierungsproblems 3.2.8. Die Lösung
ist ebenfalls A_2, wie man anhand der Zeichnung in
Abb. 6a sofort erkennt.

Das Maximierungsproblem befindet sich nun in einem
neuen Lösungszustand, der durch die Angabe der Koordinaten von A_2 und der im Punkte A_2 inzidenten Restriktionen gegeben ist.

Auf diesen Lösungszustand wird erneut der Operator
H angewandt. Die dazu benötigten Rechenschritte sind
in Abb. 6b graphisch dargestellt.
Die durchzuführenden Rechnungen gleichen formal denen,
die in den vorangegangenen Anweisungen a) und b) angegeben wurden. Es muß lediglich g_2 (x) durch g_1 (x),
A_1 durch A_2, P_1 durch P_2, f (x) - f (A_1) $\geq$ 0 durch
f (x) - f (A_2) $\geq$ 0 und K (A_1) durch K (A_2) ersetzt werden.

Nachdem nun die alten Größen durch die neuen ersetzt
wurden, ist die Lösung des unter b) angegebenen Problems P_2'. Da der Punkt P_2' im zulässigen schraffierten
Bereich liegt, kommt wiederum die Möglichkeit b) des
Abschnitts 3.2 zur Anwendung. Somit dient P_2' als Anfangspunkt zur iterativen Lösung des Problems 3.2.8.

Die Lösung ist das globale Maximum A_4.
Eine erneute Anwendung des Operators H auf diesen
Lösungszustand des Maximierungsproblems, der durch
die Koordinaten von A_4 und durch die in A_4 inzidenten
Restriktionen gegeben ist, liefert außer A_4 keinen im
schraffierten Bereich zulässigen Punkt.
Somit bricht das Rechenverfahren ab, und A_4 wird als
globales Maximum angegeben.

Das lokale Extremum, das die Zielfunktion f (x) im
Punkt A_3 annimmt, wurde nicht berechnet, da die Restriktion f (x) - f $(A_1) \geq 0$ bereits den Teil des zulässigen Bereichs, in dem A_3 liegt, abschneidet. Es
werden also nicht alle lokalen Extrema berechnet, sondern nur diejenigen, deren Funktionswert größer ist
als der des zuletzt berechneten Extremums.

Für die praktische Anwendung ist es daher interessant,
schon nach den ersten Anwendungen der Operatoren H und
HV einen möglichst hohen Wert der Zielfunktion f (x)
zu berechnen.
Dies läßt sich erreichen, indem durch die Verarbeitung
zusätzlicher Information die systematische Folge der
Rechenschritte umgeordnet wird, ähnlich den Vorschlägen,
die auf Seite 44 gemacht wurden.

4. EIN KOMBINATORISCHES VERFAHREN ZUR LÖSUNG NICHTKONVEXER PROGRAMMIERUNGSPROBLEME

4.1 Der Grundgedanke des Verfahrens

Als Ausgangspunkt der folgenden Überlegungen dient
die Frage:

Wie läßt sich ein nichtkonvexes Maximierungsproblem
in eine endliche Anzahl eindeutig lösbarer Teilprobleme zerlegen, wobei die Lösungen der Teilprobleme
die Lösungseigenschaften des nichtkonvexen Problems
vollständig repräsentieren ?

Zunächst muß aus der Fülle aller denkbaren nichtkonvexen Maximierungsprobleme eine mathematisch ab-
grenzbare Gruppe von Problemen herausgelöst werden.
Das geschieht mit Hilfe mathematischer Forderungen
an die Zielfunktion und die Restriktionen. Die Teilprobleme, in die das nichtkonvexe Problem zerlegt
wird, werden mit der Zielsetzung aufgestellt, einen
zulässigen Punkt in den Durchschnittsbereichen je
zweier Restriktionen anzugeben. Die Punkte sind im
ursprünglichen Problem nicht zulässig; sie dienen aber
als Anfangspunkt zur Minimierung der Zielfunktion über
den entsprechenden Durchschnittsbereichen.

Ein Teil dieser Lösungen ist im Bereich des ursprünglichen nichtkonvexen Problems zulässig. Es kann nun
gezeigt werden, daß diese Teilmenge der Lösungen die
globale Lösung des nichtkonvexen Problems mit Sicherheit enthält.

4.2   Konstruktion der Durchschnittsbereiche

Definition des Problemtyps B:

4.2.1 $\max \left\{ f(x) \, / \, g_i(x) \geq 0, \; i = 1 \ldots m \right\}.$

a) $f(x)$ und $g_i(x) \geq 0, \; i = 1 \ldots m$ seien konvex,
      stetig und zweimal differenzierbar.

b) $f(x)$ und $g_i(x) \geq 0, \; i = 1 \ldots m$ seien endlich
      für alle endlichen Werte $x \in R^n$.

c) $f(x)$ nimmt auf dem Rand des zulässigen Bereichs B
      in den Punkten $x_1 \ldots x_N$ N eindeutige relative
      Extrema an.

Über dem zulässigen Bereich B, der laut Voraussetzung
a) zusammenhängend oder nicht zusammenhängend sein kann,
sollen alle N relativen Extrema von $f(x)$ berechnet werden.

Die Zerlegung des Problems B beginnt mit der Konstruktion der Durchschnittsbereiche. Alle Restriktionen
$g_i(x) \geq 0, \; i = 1 \ldots m$ werden in bestimmten Kombinationen einem Minimum-Gradientenformalismus unterworfen.

Erster Schritt:

Man beginne mit $i = 1$ und löse

4.2.2 $\min \left\{ g_1(x) \, / - g_j(x) \geq 0 \right\}, \; j = 2, \ldots m.$

Diese m - 1 Minimierungsprobleme besitzen eindeutige
Lösungen aufgrund der getroffenen Voraussetzungen in
a) und b).

Die resultierende Lösungsmenge sei L_1'. Alle $x \in L_1'$ werden bezüglich $g_1 (x) \gtreqless 0$ getestet. Die Elemente $x \in L_1'$, die die Bedingung erfüllen, werden verworfen, die restlichen Elemente bilden die Menge L_1.

Zweiter Schritt: i = 2

4.2.3 $\min \left\{ g_2 (x) / - g_j (x) \gtreqless 0 \right\}$, j = 3,4 ... m.

Die eindeutige Lösung dieser m - 2 Minimierungsprobleme sind laut Voraussetzung a) und b) ebenfalls garantiert und bilden die Lösungsmenge L_2', die nach dem Test $g_2 \gtreqless 0$ auf L_2 reduziert wird.

In dieser Weise fährt man fort bis zum letzten oder m - 1-ten Schritt: i = m - 1

4.2.4 $\min \left\{ g_{m-1} (x) / - g_j (x) \gtreqless 0 \right\}$, j = m.

Die Lösungsmengen seien entsprechend mit L_{m-1}' und L_{m-1} benannt.

Das Ergebnis der m - 1 Schritte sind die Lösungsmengen

$$L_1' \;.... \; L_{m-1}' \qquad \text{und}$$

$$L_1 \;.... \; L_{m-1}.$$

Die Punkte in einer bestimmten Lösungsmenge L_k besitzen also die Eigenschaft, im Durchschnitt je zweier Restriktionen zu liegen. Sie verlieren ihre Identität nicht, d.h. jedes $x \in L_k$ trägt den Index k der Restriktion $g_i (x) \gtreqless 0$ für i = k und den Index j der betreffenden Restriktion $g_j (x)$ im k-ten Schritt.

Die gleiche Überlegung gilt für alle L_k, k = 1
... m - 1.

Man bilde:

$$4.2.5 \qquad L = \sum_{k=1}^{m-1} L_k \quad .$$

Zu jedem Indexpaar k, j, das zu den Elementen $x \in L$
gehört, gibt es zwei Restriktionen, für welche gilt:

$$4.2.6 \qquad \begin{aligned} - g_k\,(x) &\geq 0, \\ - g_j\,(x) &\geq 0. \end{aligned}$$

Diese Ungleichungen definieren einen bestimmten Bereich
D_s. Jedem Element in L ist solch ein Durchschnittsbereich D_s, s = 1,2 ... $\bar{s}$ zugeordnet. Die Zuordnung ist
eindeutig aufgrund der Konvexität der Hilfsprobleme
in den Schritten 1 .... m - 1.

Satz 1:

Die Anzahl der Durchschnittsbereiche D_s, s = 1 ... $\bar{s}$
ist endlich; es gilt

a) $\qquad \bar{s} \leq \frac{1}{2} \; \frac{m!}{(m-2)!}$

b) Jeder einzelne Bereich D_s ist konvex.

Beweis:

a) Bei der Erzeugung der Durchschnittsbereiche handelt
    es sich um die Zuordnung einer zweielementigen Men-
    ge zu einer m-elementigen Menge. Diese Variation

läßt $\frac{m!}{(m-2)!}$ Möglichkeiten zu. Da es jedoch auf die Reihenfolge der zweielementigen Menge nicht ankommt, kann die Anzahl der Möglichkeiten um den Faktor $\frac{1}{2!} = \frac{1}{2}$ verringert werden.

Zu jeder Variation gehört ein Minimierungsproblem:

$$4.2.7 \qquad \min \left\{ g_i (x) \ / - g_j (x) \geq 0 \right\}$$

dessen Lösung x ein entsprechendes Element in der Menge L' darstellt. Vertauscht man i und j in dem Minimumoperator, so ergibt sich eine andere Lösung x', die sich in bezug auf die weitere Beweisführung und die Auswahlregel

$$4.2.8 \qquad - g_i (x) \geq 0 ,$$
$$- g_j (x) \geq 0 ,$$

nicht von der Lösung x unterscheidet. Sie braucht deshalb nicht berechnet zu werden.
Dadurch wird die Anzahl der Möglichkeiten von $\frac{m!}{(m-2)!}$ auf $\frac{m!}{(m-2)! \, 2!}$ reduziert.

b) Da die Restriktionen $g_i (x) \geq 0$ und $g_j (x) \geq 0$ laut Voraussetzung konvexe Funktionen sind, sind die Funktionen $- g_i (x) \geq 0$ und $- g_j (x) \geq 0$ konkav. Aufgrund einfacher Überlegungen sind die Bereiche

$$G_i = \left\{ x \ / - g_i (x) \geq 0 \right\} \qquad \text{und}$$
$$G_j = \left\{ x \ / - g_j (x) \geq 0 \right\}$$

konvex.
Somit ist auch der Durchschnitt

$$G_i \cap G_j = D_s$$

konvex.

4.3   Berechnung der Lösungsmenge H

Zu jedem Bereich D_s, $s = 1 \ldots \bar{s}$ gehört ein zulässiger
Punkt $x \in L$. Die Lösungsmenge L wird eindeutig in eine
Punktmenge H überführt, die alle relativen Extrema des
Problems B enthält.

Diese Transformation wird durch $\bar{s}$ Minimierungsprobleme
von $f(x)$ über alle Durchschnittsbereiche D_s, $s = 1, \ldots \bar{s}$
erreicht.

4.3.1 $\min \left\{ f(x) / D_s \right\}$, $s = 1, \ldots \bar{s}$.

Als Anfangspunkte zur iterativen Lösung von 4.3.1 dienen
die entsprechenden Elemente $x \in L$, die in je einem D_s zulässig sind.
Da $f(x)$ eine konvexe Funktion ist, und da alle D_s konvexe Bereiche sind (Satz 1), gibt es $\bar{s}$ eindeutige Lösungen, die die Lösungsmenge H' bilden.

Aus allen $x \in H'$ wähle man diejenigen aus, die die Bedingung

4.3.2 $x \in H' \cap B$

erfüllen. Diese Elemente bilden die Punktmenge H. Alle
übrigen werden verworfen.
Es wird später gezeigt, daß dadurch keine wesentliche
Information über die lokalen Extrema verloren geht.

Zu jedem Indexpaar i, j, das zu den Elementen $x \in H$ gehört, gibt es zwei Restriktionen g_i und g_j.

Definition:

4.3.3 $D_{\bar{h}} = \left\{ x \,/ - g_i(x) \geq 0, \, - g_j(x) \geq 0 \right\}$ und

4.3.4
$$D_h^+ = \left\{ x \ / \ g_i(x) \gneqq 0, \ g_j(x) \gneqq 0 \right\}$$

$$h = 1, \ldots \bar{h} .$$

Das Minus- und das Pluszeichen von D_h^+ und D_h^- soll auf die Richtungsänderung der Gradienten der Restriktionen $g_i(x)$ und $g_j(x)$ hinweisen.

Die Bereiche D_h^- und D_h^+ werden für alle Indexpaare gebildet, deren Elemente in H sind. Somit muß gelten:

4.3.5
$$\bar{h} \leqq \bar{s} .$$

Satz 2:

Zu jedem $x \in$ H gibt es zwei benachbarte Punkte x_1 und x_2 in den Bereichen D_h^+ und D_h^-, die, als Anfangspunkte zur iterativen Lösung verwandt, folgende Ungleichung zur Geltung bringen:

4.3.6
$$\max \left\{ f(x) \ / \ D_h^+ \right\} \geqq \min \left\{ f(x) \ / \ D_h^- \right\}$$

$$h = 1, \ldots \bar{h}.$$

Beweis:

Man wähle ein bestimmtes $\overset{o}{x} \in$ H.

Definition:

4.3.7
$$K_\varepsilon = \left\{ x \ / \ k(x) \gneqq 0 \right\}$$

mit $k(x) = 0$ als Hyperfläche einer Kugel vom Radius ε um $\overset{o}{x}$.

Man wähle ein bestimmtes h_o und bilde

$$D_{h_o}^-, \quad D_{h_o} \cap K_\varepsilon \quad \text{und} \quad D_{h_o}^+ \cap K_\varepsilon.$$

Diese Durchschnittsbereiche sind nicht leer, da $\overset{o}{x}$ für ein entsprechendes s_o der Konvergenzpunkt des Problems

4.3.8 $\qquad \min \left\{ f(x) \; / \; D_{s_o} \right\}$

ist.

Die Gradienten $- \nabla g_i (\overset{o}{x})$ und $- \nabla g_i (\overset{o}{x})$ werden als linear unabhängig vorausgesetzt.

$D_{h_o}^- \cap K_\varepsilon$ ist ein konvexer Bereich und ein $x \in D_{h_o}^- \cap K_\varepsilon$ als Anfangspunkt der Iteration, liefert mit Sicherheit $\overset{o}{x}$ als Lösung des Problems:

4.3.9 $\qquad \min \left\{ f(x) \; / \; D_{s_o} \right\} = \min \left\{ f(x) \; / \; D_{h_o}^- \right\}$

$D_{s_o} = D_{h_o}^-$ gilt aufgrund der Auswahlbedingung $x \in H' \cap B$.

$D_{h_o}^+ \cap K_\varepsilon$ ist ein nichtkonvexer Bereich, dessen Größe und Eigenschaften durch die Wahl von ε bestimmt werden können. Man wähle $\varepsilon > o$ derart, daß $\nabla g_i (x)$ für alle $x \in D_{h_o}^+ \cap K_\varepsilon$ nicht das Vorzeichen wechselt, d.h. für zwei beliebige Elemente x_1 und $x_2 \in D_{h_o}^+ \cap K_\varepsilon$ muß gelten:

4.3.10 $\qquad \nabla g_i (x_1) \cdot \nabla g_i (x_2) \neq 0.$

Entsprechendes gelte auch für g_j (x). Somit kann für
$\varepsilon \to 0$ erzwungen werden, daß das Maximierungsproblem

$$\max \left\{ \; f \; (x) \; / \; D_{h_o}^+ \; \right\}$$

mindestens den Wert $f \; (\overset{o}{x})$ erreicht. Damit ist bewiesen,
daß das Gleichheitszeichen gilt.

Zum Beweis des "Größer"-Zeichens läßt sich folgende
Überlegung anstellen.

4.3.11 $\qquad G = \left\{ \; x \; / \; f \; (x) \; - \; f \; (\overset{o}{x}) \geq 0 \; \right\} \; .$

Durch die Wahl des $\varepsilon > 0$ ist nicht ausgeschlossen, daß
der Bereich $G \cap D_{h_o}^+ \cap K_\varepsilon$ Lösungspunkte enthält.

Zum Beispiel können Punkte der Durchschnittsfläche
g_i (x) $= g_j$ (x) $= 0$ Elemente dieses Bereichs sein, so
daß für den Konvergenzpunkt $\overset{*}{x}$ des Problems:

4.3.12 $\qquad \max \left\{ \; f \; (x) \; / \; D_{h_o}^+ \; \right\}$

gilt

4.3.13 $\qquad f \; (\overset{*}{x}) > f \; (\overset{o}{x}) \; .$

Satz 3:

Die Lösungsmenge H enthält alle relativen Extrema des
Problems B.

Beweis:

Die im Satz 2 aufgestellte Behauptung läßt sich für alle
Elemente in H in gleicher Weise aufstellen und beweisen.

Dadurch entsteht eine Folge von Funktionswerten

$$4.3.14 \qquad f(x_1), \ f(x_2), \ \ldots, \ f(x_N)$$

mit

$$4.3.15 \qquad N \leq \frac{1}{2} \ \frac{m!}{(m-2)!} \ .$$

Es ist zu zeigen, daß alle relativen Extrema in dieser Folge enthalten sind.

Die Lösungsmenge H' ist aufgrund aller möglichen Kombinationen der Restriktionen $g_i(x) \geq 0$, $i = 1 \ldots m$ entstanden, so daß noch keine Information bezüglich der Maxima verloren gegangen sein kann. $H = H' \cap B$ schließt die Elemente aus, die im Bereich B nicht zulässig sind. Damit wird auch die weitere Untersuchung der entsprechenden Schnittflächen unterbunden.

Es besteht die Frage, ob nicht ein Lösungselement in H' verworfen wurde, das doch zu einem lokalen Extremum hätte führen können.
Man wähle zur Untersuchung ein bestimmtes x_a, für das gilt:

$$4.3.16 \qquad x_a \in H',$$
$$x_a \notin H \ .$$

Definition:

$$4.3.17 \qquad D_a^- = \left\{ x \ / \ - g_a^1(x) \geq 0, \ - g_a^2(x) \geq 0 \right\},$$

$$4.3.18 \qquad D_a^+ = \left\{ x \ / \ + g_a^1(x) \geq 0, \ g_a^2(x) \geq 0 \right\}.$$

Nach Voraussetzung gilt, daß x_a bezüglich einer Restriktion g_a^1 (x) oder g_a^2 (x) im Sinne des Problems B nicht zulässig ist.
Angenommen, es sei g_a^1; dann gilt:

$$4.3.19 \qquad - g_a^1 \ (x) \geqq 0 \qquad \text{und}$$
$$g_a^2 \ (x) = 0 \ .$$

Aus der Konvexität von g_a^2 (x) und f (x) folgt eindeutig die Gleichung.

$$4.3.20 \qquad \nabla g_a^2 \ (x_a) = - \nabla f \ (x_a) \ .$$

Die Hyperfläche, in der ein relatives Extremum liegen könnte, ist gegeben durch:

$$4.3.21 \qquad g_a^1 \ (x) = g_a^2 \ (x) = 0 \ \ .$$

Nach Gleichung 4.3.19 kann f (x) von x_a ausgehend entlang der Hyperfläche g_a^2 (x) = 0 nur größere Werte annehmen. Das gilt auch für die Hyperfläche, die durch Gleichung 4.3.21 gegeben ist. Folglich kann in der Schnittfläche von g_a^1 (x) und g_a^2 (x) kein relatives Extremum liegen, da die Gradientenbedingung, die in einem lokalen Extremum erfüllt sein muß, von allen Punkten, die Gleichung 4.3.21 erfüllen, nicht befriedigt werden kann.

Der gleiche Beweis läßt sich für alle x $\in$ H' durchführen, die aufgrund der Bedingung H' $\cap$ B verworfen wurden.
Somit geht durch die Bildung der Menge H keine wesentliche Information verloren. Andererseits wird, wie Satz 2 zeigt, alle Information über die mögliche Lage der lokalen Extrema in Betracht gezogen, so daß die in Glei-

chung 4.3.1 angegebene Folge alle lokalen Extrema
enthalten muß.

4.4 Bestimmung des globalen Maximums

Nach den Ausführungen in Abschnitt 4.3 läßt sich das
globale Maximum durch Vergleich der einzelnen lokalen
Maxima herausfinden. Falls die gesamte Information über
alle lokalen Maxima nicht interessiert, kann man in
folgender Weise einen direkten Weg zur Berechnung des
globalen Maximums wählen, der unter Umständen eine erhebliche Anzahl von Rechenschritten einspart.

Die Verfahrensweise wird in sechs Schritte aufgeteilt.

1) Man bilde $f(x)$ für alle $x \in H'$ und wähle das x^1
   aus, für das gilt

$$f(x^1) \geq f(x) \quad \text{für alle } x \in H' .$$

2) Man wähle das Indexpaar i, j, das zu dem Element
   x^1 gehört und löse:

$$\min \left\{ f(x) / -g_i(x) \geq 0, -g_j(x) \geq 0 \right\} .$$

   Als Anfangspunkt zur iterativen Lösung dient x^1.

3) Die Lösung von 2) sei $\overset{o1}{x}$; man vergleiche $f(\overset{o1}{x})$
   mit allen anderen Funktionswerten $f(x)$ für alle
   $x \in H'$.

4) Alle $x \in H'$, für die gilt

$$f(x) \leq f(\overset{o1}{x}) \quad \text{und } x^1$$

werden verworfen.

5) Alle $x \in H'$, für die gilt

$$f(x) > f(\overset{01}{x^1})$$

bilden die Menge H_1'.

6) Man kehrt zurück zum Punkt 1), benennt H_1' um in
   H' und führt wiederum die Rechenschritte 1) bis
   6) durch.
   Dies geschieht fortlaufend, bis die Menge H' leer
   ist.

Satz 4:

Das Verfahren, das durch die Punkte 1) bis 6) festgelegt ist, führt unter den Voraussetzungen, die im Satz
1 bis 3 gemacht wurden, in endlich vielen Schritten zur
globalen Lösung des Problems B.

Beweis:

Die Anzahl der Elemente $x \in H'$ ist aufgrund ihrer Konstruktion kleiner oder gleich $\frac{1}{2} \frac{m!}{(m-2)!}$. Da die Anzahl
der Elemente in H' laut 4) bei jedem Durchlauf um mindestens ein Element verringert wird, tritt spätestens
nach $\frac{1}{2} \frac{m!}{(m-2)!}$ Durchläufen der Zustand auf, in dem H'
kein Element mehr enthält.
Damit ist die Endlichkeit des Verfahrens bewiesen.

Weiterhin muß gezeigt werden, daß kein Punkt verworfen
wird, der zum globalen Maximum führen könnte.
Laut 4) werden nur die $x \in H'$ verworfen, deren Funktionswert $f(x) \leq f(\overset{01}{x^1})$ ist.
Diese Elemente x können als Anfangspunkte zur iterativen Lösung des Problems

$$\min \left\{ f\,(x) \;/\; -\,g_i\,(x) \geq 0,\; -\,g_j\,(x) \geq 0 \right\}$$

(i, j ist das entsprechende Indexpaar aller verworfenen Elemente x) nicht zu einem Funktionswert $f\,(\bar{x}) > f\,(\overset{01}{x})$ führen, da alle Restriktionspaare $-\,g_i\,(x) \geq 0$ und $-\,g_j\,(x) \geq 0$ konvexe Durchschnittsbereiche bilden.

Da in H' nach Satz 3 alle Anfangspunkte, die zum globalen Maximum führen können, enthalten sind, und wie gerade gezeigt, durch Schritt 4) kein wesentlicher Punkt verworfen wird, muß in H_1' der Anfangspunkt, der zum globalen Maximum führt, noch enthalten sein.

Diese Überlegung kann zu jedem Durchlauf angestellt werden; sie ergibt zusammen mit dem ersten Teil des Beweises, daß das globale Maximum in endlich vielen Schritten erreicht wird.

4.5 Lineare Restriktionen

Es wird die Frage gestellt, ob die Verfahren der Abschnitte 4.3 und 4.4 auch für den Fall linearer Restriktionen anwendbar sind. Da die Hilfsschritte in den Abschnitten 4.3 und 4.4 strenge Konvexität der Restriktionen $g_i\,(x) \geq 0$, i = 1 ... m verlangen, ist das Verfahren nicht direkt anwendbar, wenn zusätzlich lineare Restriktionen vorkommen.
Zum Beispiel kann der Hilfsschritt

4.5.1 $\quad \min \left\{ g_i\,(x) \;/\; -\,g_j\,(x) \geq 0 \right\}$

auftreten mit linearen Funktionen $g_i\,(x)$ und $g_j\,(x)$. Dieses Problem liefert keine endliche Lösung und kann deshalb nicht im Rahmen des Lösungsablaufs in den Abschnitten 4.3 und 4.4 verwandt werden.

Dieser Mangel wird behoben, indem die Konvergenz
der Lösung des Hilfsschritts zu einem endlichen Wert
erzwungen wird.
Man gebe eine endliche Zahl $\delta > 0$ fest vor und kon-
struiere anstelle des alten Hilfsschritts den folgenden:

$$4.5.2 \qquad \min \left\{ g_i(x) \;/\; - g_j(x) \geq 0, \; - g_i(x) = \delta \right\}.$$

Hierdurch wird erreicht, daß die Funktion $g_i(x)$ endlich bleibt und den Wert δ nicht überschreitet.

Alle Lösungen, die zu dem Indexpaar i, j gehören
($g_i(x)$ und $g_j(x)$ linear), bilden die Lösungsmenge L'.
Es gilt L' = L, da der Funktionswert $\delta > 0$ wegen der
Linearität der Restriktionen immer erreicht wird, so daß
für alle Elemente $x \in L'$ die Auswahlregel

$$4.5.3 \qquad - g_i(x) \geq 0,$$
$$- g_j(x) \geq 0,$$

immer erfüllt ist.
Der Auswahltest ist somit im Falle linearer Restriktionen $g_i(x)$ und $g_j(x)$ nicht notwendig.

Die Punktmengen H und H' sind nicht identisch. Sie unter-
scheiden sich nach den gleichen Kriterien wie im Falle
nichtlinearer Restriktionen. Ebenso kann die Beweisführung für das globale Maximum genau analog durchgeführt werden.
Allerdings braucht die Gradientenbedingung

$$4.5.4 \qquad \nabla g_i(x_1) \cdot \nabla g_i(x_2) \neq 0 \quad \text{und}$$
$$\nabla g_j(x_1) \cdot \nabla g_j(x_2) \neq 0$$

nicht verlangt zu werden, da aufgrund der Linearität der Restriktionen in jeder $\mathcal{E}$-Umgebung die Elemente von H diese Bedingung ohnehin erfüllen.

5. ANWENDUNG DES VERFAHRENS MIT HILFE EINER ELEKTRONISCHEN RECHENMASCHINE

5.1 Aufbau des Rechenmaschinenprogramms

Zur Durchführung der praktischen Rechnungen wurde die Rechenanlage vom Typ IBM 7090 in Bonn benutzt. Die Rechensprache war Fortran IV.
Das Programm besteht im wesentlichen aus zwei Teilen. Der erste Teil bewirkt die Lösung der einzelnen Hilfsschritte. Hierzu eignet sich irgendein lokal konvergentes Verfahren. In dieser Arbeit wurde ein Gradientenverfahren benutzt, das sich an die Lösungsmethoden von Fiacco, McCormick, Rosen und Wolfe anlehnt. Neben den Eigenschaften des Newton-Verfahrens zweiter Ordnung besitzt diese Lösungsmethode den Vorzug, daß sie gerade im nichtkonvexen Fall nicht sofort abbricht, wenn die Matrix der zweiten partiellen Ableitungen der P-Funktion einen positiven Wert annimmt (im Falle der Minimierung). Die Fallunterscheidungen wurden im Abschnitt 2.3 angeführt.

Der zweite Teil des Programms besteht aus einem übergeordneten Programm, das die Folge der Hilfsschritte steuert und den gesamten Lösungsablauf überwacht. In Abb. 7 ist das Wesentliche in einem Flußdiagramm dargestellt.

Erklärung der Symbole:

S = Beliebig festsetzbare untere Schwelle von $f(x)$.

k = Laufender Index zur Unterscheidung der einzelnen Funktionswerte.

i,j = Indizes der Restriktionen und der Lösungspunkte in den Mengen L', H' und B.

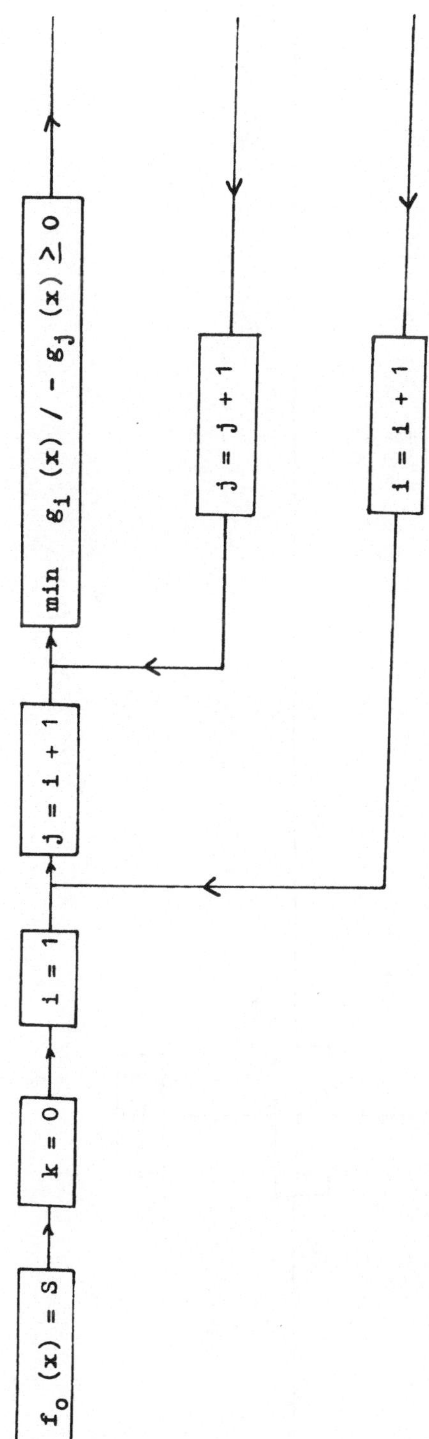

Abb. 7a Flußdiagramm

$x_{ij} \in H'$
$\min \left\{ f(x) \, / \, -g_1(x) \geq 0, \, -g_j(x) \geq 0 \right\}$
$-g_1(x_{ij}) \geq 0$
$-g_j(x_{ij}) \geq 0$
$x_{ij} \in L'$
ja
nein
$j \leq m$
ja
nein
$i \leq m-1$
ja
nein
ENDE I

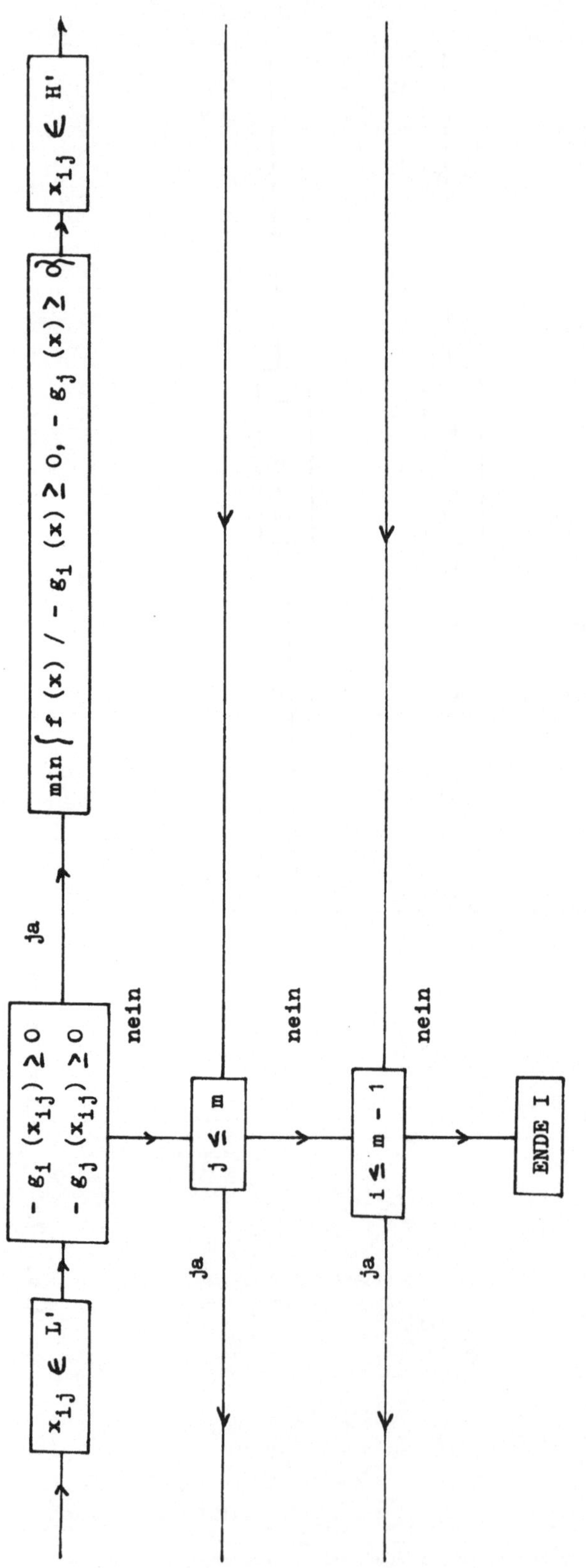

Abb. 7b

f_{k-1} = f_k
f_k ≥ f_{k-1}
f_k (x_ij)
k = k + 1
x_ij ∈ B
j ≤ m
i ≤ m - 1
ENDE III
j ≤ m
i ≤ m - 1
ENDE II
ja
nein

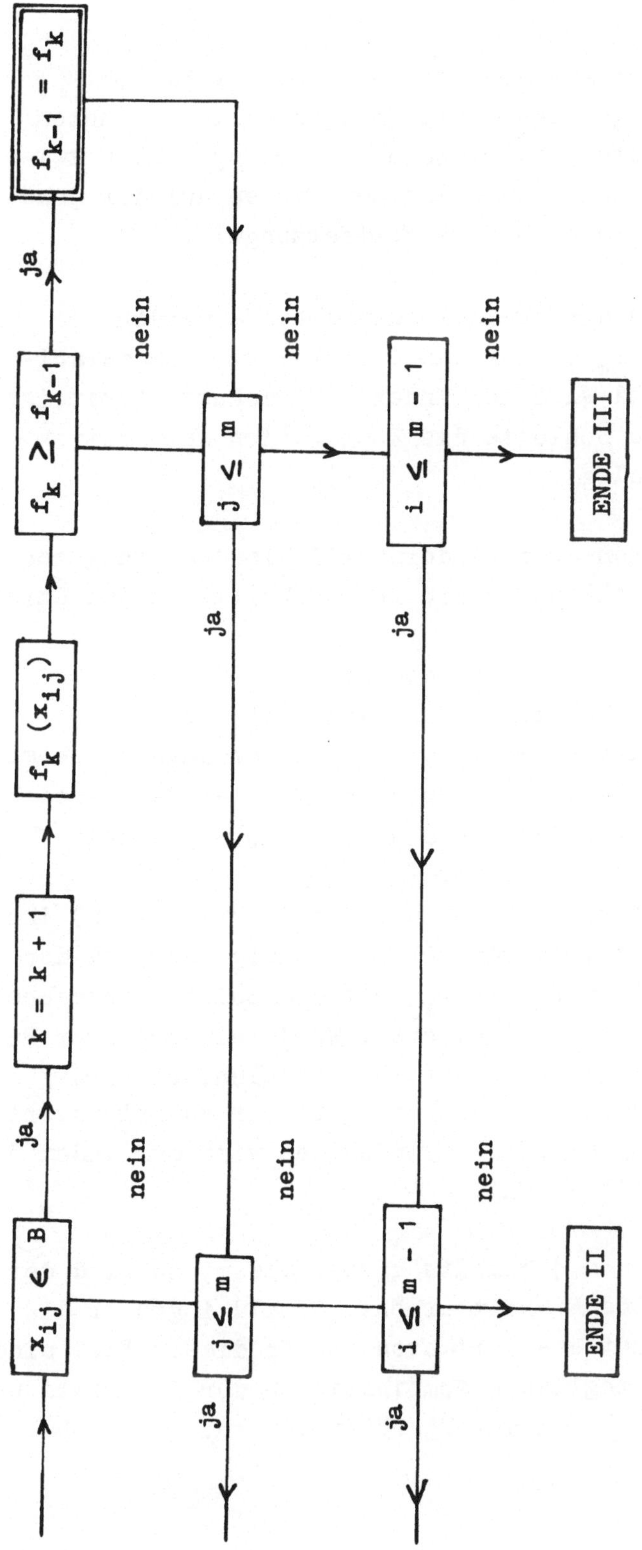

Abb. 7c

Abb. 7 besteht aus drei Teilen, Abb. 7a bis 7c.
Sie sind auf je einer Seite dargestellt. Die unten
auf jeder Seite auslaufenden Verbindungslinien zwischen den einzelnen Anweisungen finden auf der jeweils
folgenden Seite oben ihre Fortsetzung.

In den ersten drei Feldern der Abb. 7a werden die
Steuergrößen f_o (x), k und i festgelegt. Im darauf-
folgenden Feld wird der Index j berechnet. Damit ist
für die erste Schleife die Kombination der Restriktionen festgelegt.

In den nächsten drei Feldern wird die Anweisung gegeben, festzustellen, ob ein Durchschnittsbereich existiert
oder nicht.
Lautet die Antwort "ja", so wird die Zielfunktion über
diesem Durchschnittsbereich minimiert (Abb. 7b);
lautet die Antwort "nein", so wird der Index j um eine
Einheit erhöht, und die Rechnung wird an der bezeichneten Stelle für den neuen Wert von j wiederholt.

Ist der Punkt x_{ij}, in dem die Zielfunktion f (x) ihr
Minimum annimmt, im Bereich B zulässig, so wird der
Funktionswert im Punkte x_{ij} mit dem zuletzt berechneten
Funktionswert f_{k-1} verglichen. Wurde ein größerer Funktionswert für die Zielfunktion gefunden, so wird f_k
in f_{k-1} umbenannt. Wurde kein größerer Funktionswert
als der schon bekannte gefunden, so wird der Index j
um eine Einheit erhöht.

Ist der Wert von j bereits größer als m, so wird der
Index i um eine Einheit erhöht. Sobald i größer als
m-1 ist, bricht das Verfahren ab. In diesem Fall sind
nämlich alle möglichen Kombinationen der Restriktionen
g_i (x), i = 1 ... m durchgeführt worden. Das globale

Maximum der Zielfunktion $f(x)$ wird im doppelt umrandeten Feld in Abb. 7c angegeben.

Das Einlesen der Daten für die Zielfunktion und die Restriktionen wird in einem speziellen Unterprogramm vorgenommen, so daß im Flußdiagramm nach Festsetzung der Steuerkonstanten und Indizes gleich mit der Lösung der Hilfsschritte begonnen werden kann.
Zu beachten ist, daß aufgrund der Auswahlregeln nach jeder Schleife die alten Rechengrößen überspeichert werden können, so daß der Speicherplatzbedarf sich in gut realisierbaren Grenzen hält.

Laut Abb. 7 kann das Verfahren an drei verschiedenen Stellen im Programm beendet werden. Für den Fall, daß $k = 0$ gilt, liefern Ende I und Ende II eine bestimmte Aussage, die das gestellte Programmierungsproblem näher analysiert.

ENDE I: Die Restriktionen $g_i(x) \geq 0$, $i = 1 \ldots m$, besitzen keine Durchschnittsbereiche. B ist somit nicht endlich und es existiert keine endliche Lösung.

ENDE II: Die Restriktionen $g_i(x) \geq 0$, $i = 1 \ldots m$, besitzen Durchschnittsbereiche. Der zulässige Bereich B ist jedoch nicht endlich.

Für $k = 0$ ist also aus dem genannten Grunde keine endliche Lösung des Problems vorhanden.
Für $k \neq 0$ liegt in jedem Fall eine endliche Lösung vor, gleichgültig, an welcher Stelle ENDE I, ENDE II oder ENDE III die Rechnung abgebrochen wurde. Die globale Lösung wird in dem doppelt umrandeten Feld angegeben.

5.2   Beispiele

Erstes Beispiel:

Um den Formalismus anschaulich zu erläutern, wird
zunächst das zum Beginn der Arbeit angeführte Programmierungsproblem gewählt. Es handelt sich um ein inde-
finites Maximierungsproblem, in dem zwei relative Maxima
zulässig sind (Abb. 8).

Gewöhnlich wird dieses Beispiel in der Literatur dazu
benutzt, ein Kernproblem der nichtlinearen Programmierung darzustellen, nämlich, daß man nach Anwendung
der bisherigen Verfahren nie sicher sein konnte, das
globale Maximum gefunden zu haben.

Zielfunktion: $x_1^2 + x_2^2$

Restriktionen:

$$g_1 (x) = - x_1 - 4 x_2 + 5 \geq 0$$
$$g_2 (x) = - x_1 \qquad + 1 \geq 0$$
$$g_3 (x) = x_1 \qquad \geq 0$$
$$g_4 (x) \qquad x_2 \qquad \geq 0$$

Gesucht: $\max \left\{ x_1^2 + x_2^2 \ / \ g_i (x) \geq 0, \ i = 1 \ldots 4 \right\}.$

Da lineare Restriktionen vorhanden sind, sind die Ergebnisse des Abschnitts 4.5 anzuwenden.

Man setze $\delta = \frac{1}{2} > 0$ und gehe schematisch nach den Anweisungen im Flußdiagramm vor.

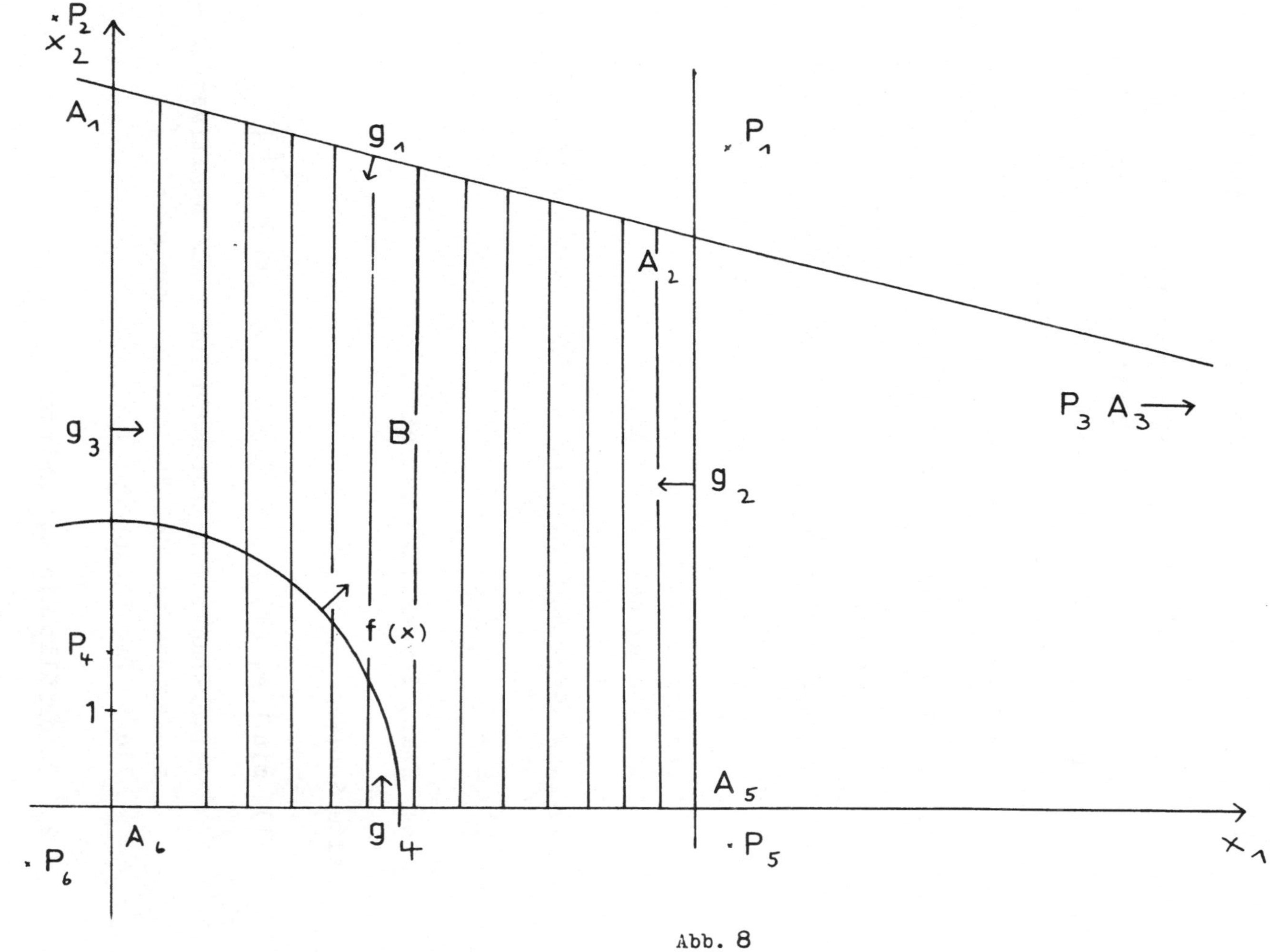

Abb. 8

Erste Schleife: $i = 1, \, j = 2$

1) $\min \left[\, g_1 \, (x) \, / - g_2 \, (x) \geq 0, \, + g_1 \, (x) \geq - \delta \, \right]$.

Der Anfangspunkt zur iterativen Lösung dieses Problems ist irgendein Punkt "rechts" von $g_2 \, (x)$ und unterhalb von $- g_1 \, (x) = \delta$. Die Lösung ist irgendein Punkt P_1 auf der Restriktion $- g_1 \, (x) = \delta$.

2) P_1 erfüllt die Auswahlregeln

$$- g_1 \, (x) \geq 0,$$
$$- g_2 \, (x) \geq 0.$$

3) $\min \left[\, x_1^2 + x_2^2 \, / - g_1 \, (x) \geq 0, \, - g_2 \, (x) \geq 0 \right]$.

Der Anfangspunkt zur iterativen Lösung ist P_1. Die Lösung selbst ist A_2.

4) Der Test, $A_2 \in B$, wird mit "ja" beantwortet.

5) $k = 1, \, f_1 \, (A_2) = 2$.

6) Start der zweiten Schleife.

Zweite Schleife: $i = 1, \, j = 3$

1) $\min \left[\, g_1 \, (x) \, / - g_3 \, (x) \geq 0, \, g_1 \, (x) \geq - \delta \right]$.

Anfangspunkt ist irgendein Punkt mit negativer x_1-Komponente, der "unterhalb" von $g_1 = - \delta$ liegt. Die Lösung sei P_2.

2) P_2 erfüllt die Auswahlregeln

$$- g_1 \, (x) \geq 0,$$
$$- g_3 \, (x) \geq 0.$$

3) $\min \left\{ x_1^2 + x_2^2 \: / \: - g_1 \: (x) \geq 0, \: - g_3 \: (x) \geq 0 \right\}.$

Der Anfangspunkt zur Lösung ist P_2, die Lösung ist A_1.

4) Der Test $A_1 \in B$ wird mit "ja" beantwortet.

5) $k = 2$, $f_2 \: (A_1) = 1$

6) $f_2 \geq f_1$ wird mit "nein" beantwortet.

7) $f_2 = f_1 = 2$

8) Start der dritten Schleife.

Dritte Schleife: $i = 1$, $j = 4$

1) $\min \left\{ g_1 \: (x) \: / \: - g_4 \: (x) \geq 0, \: g_1 \: (x) \geq - \delta \right\}$

Der Anfangspunkt ist irgendein Punkt mit negativer x_2-Komponente, der "unterhalb" der Restriktion $- g_1 \: (x) = \delta$ liegt. Die Lösung sei P_3.

2) P_3 erfüllt die Auswahlregeln

$- g_1 \: (x) \geq 0,$
$- g_4 \: (x) \geq 0.$

3) $\min \left\{ x_1^2 + x_2^2 \: / \: - g_1 \: (x) \geq 0, \: - g_2 \: (x) \geq 0 \right\}.$

Der Anfangspunkt zur iterativen Lösung ist P_3, die Lösung ist A_3.

4) Der Test $A_3 \in B$ wird mit "nein" beantwortet.

5) A_3 wird verworfen und die vierte Schleife beginnt.

Vierte Schleife: $i = 2$, $j = 3$

1) $\min \left\{ g_2\,(x) \,/\, - g_3\,(x) \geq 0,\ g_2\,(x) \geq -\delta \right\}$.

    Der Anfangspunkt ist irgendein Punkt mit negativer x_1-Komponente und "links" von $- g_2\,(x) = \delta$. Die Lösung sei P_4, irgendein Punkt auf $g_3\,(x) = 0$.

2) P_4 erfüllt die Auswahlregeln

$$- g_2\,(x) \geq 0,$$
$$- g_3\,(x) \geq 0,$$

    nicht.

3)   Start der fünften Schleife.

Fünfte Schleife: $i = 2$, $j = 4$

1) $\min \left\{ g_2\,(x) \,/\, - g_4\,(x) \geq 0,\ g_2\,(x) \geq -\delta \right\}$.

    Der Anfangspunkt ist irgendein Punkt mit negativer x_2-Komponente und "links" von $- g_2\,(x) = $. Die Lösung sei P_5.

2) P_5 erfüllt die Auswahlregeln

$$- g_2 \geq 0,$$
$$- g_4 \geq 0.$$

3) $\min \left\{ x_1^2 + x_2^2 \,/\, - g_2\,(x) \geq 0,\ - g_4\,(x) \geq 0 \right\}$.

    Der Anfangspunkt ist P_5, die Lösung ist A_5.

4)   Der Test $A_5 \in B$ wird mit "ja" beantwortet.

5) $k = 3$, $f_3\,(A_5) = 1$

6) $f_3 \geq f_2$ wird mit "nein" beantwortet.

7) $f_3 = 2$

8) Start der sechsten Schleife.

Sechste Schleife: $i = 3$, $j = 4$

1) $\min \left\{ g_3 (x) / - g_4 (x) \geq 0, g_3 (x) \geq - \delta \right\}$.

Der Anfangspunkt ist irgendein Punkt mit negativer x_2-Komponente und "rechts" von der Restriktion $g_3 (x) = - \delta$. Die Lösung sei P_6.

2) P_6 erfüllt die Auswahlregeln

$$- g_3 (x) \geq 0,$$
$$- g_4 (x) \geq 0.$$

3) $\min \left\{ x_1^2 + x_2^2 / - g_3 (x) \geq 0, - g_4 (x) \geq 0 \right\}$.

Der Anfangspunkt ist P_6, die Lösung ist A_6.

4) Der Test von $A_6 \in B$ wird mit "ja" beantwortet.

5) $k = 4$, $f_4 (A_6) = 0$

6) $f_4 \geq f_3$ wird mit "nein" beantwortet.

7) $f_4 = 2$

8) ENDE III

Die g l o b a l e Lösung des nichtkonvexen Maximierungsproblems ist $f (x) = 2$; es ist der zuletztgenannte Funktionswert im doppelt umrandeten Feld des Flußdiagramms.

Zweites Beispiel:

Im ersten Beispiel war der zulässige Bereich konvex.
Da es sich jedoch um ein Maximierungsproblem handelte,
dessen Zielfunktion nichtlinear war, gab es mehrere
relative Maxima.
Dies ist praktisch der einfachste Schritt von einem
konvexen zu einem nichtkonvexen Problem.

Im folgenden Beispiel wird der Schwierigkeitsgrad erhöht, indem die gleiche Zielfunktion über einem nichtkonvexen Bereich maximiert wird (Abb. 9).

$$\max \left\{ x_1^2 + x_2^2 \ / \ g_i\,(x) \geq 0, \ i = 1 \ \dots \ 5 \right\}.$$

$$g_1 = x_1^2 + x_2^2 - 4\,x_1 - 14\,x_2 + 45 \geq 0$$

$$g_2 = x_1^2 + x_2^2 - 10\,x_1 - 10\,x_2 + 41 \geq 0$$

$$g_3 = x_1^2 + x_2^2 - 17\,x_1 - 5\,x_2 \quad 66.25 \geq 0$$

$$g_4 = x_1 \geq 0$$

$$g_5 = x_2 \geq 0$$

In Abb. 9 sind die Zielfunktionen $f\,(x)$ und die Restriktionen $g_1\,(x), \ \dots \ g_5\,(x)$ graphisch dargestellt.
Die eingezeichneten Pfeile geben die Richtungen der
Gradienten der Zielfunktion $f\,(x)$ und der Restriktionen
$g_1\,(x), \ \dots \ g_5\,(x)$ in den betreffenden Punkten an.

Der zulässige Bereich B ist senkrecht schraffiert; er
ist nichtkonvex, aber zusammenhängend. Die Zielfunktion
$f\,(x)$ nimmt über dem zulässigen Bereich B in den Punkten
A_1 bis A_4 vier relative Maxima an.

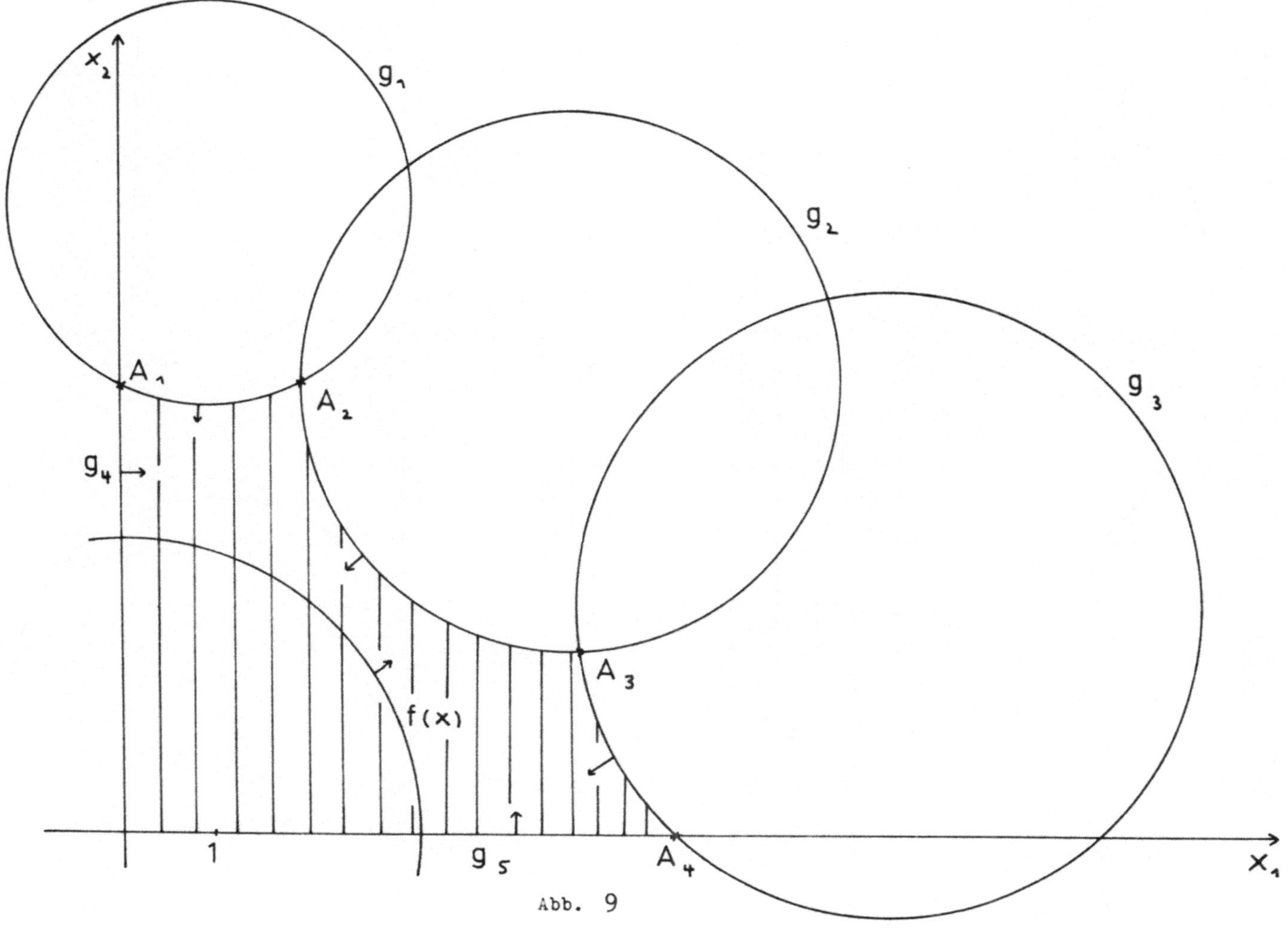

x_2
g_1
g_2
g_3
A_1
A_2
A_3
A_4
g_4
g_5
$f(x)$
1
x_1
Abb. 9

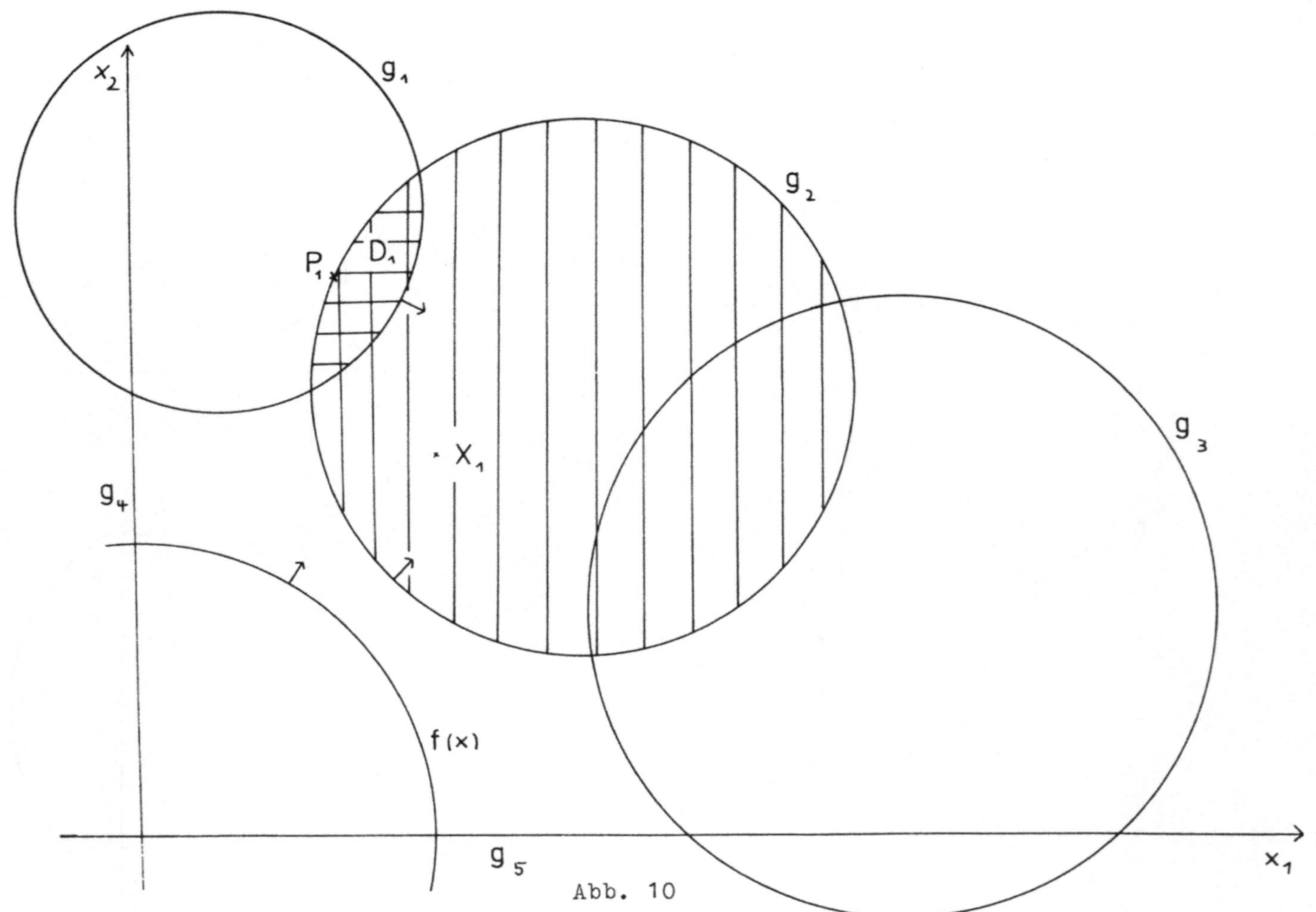

Abb. 10

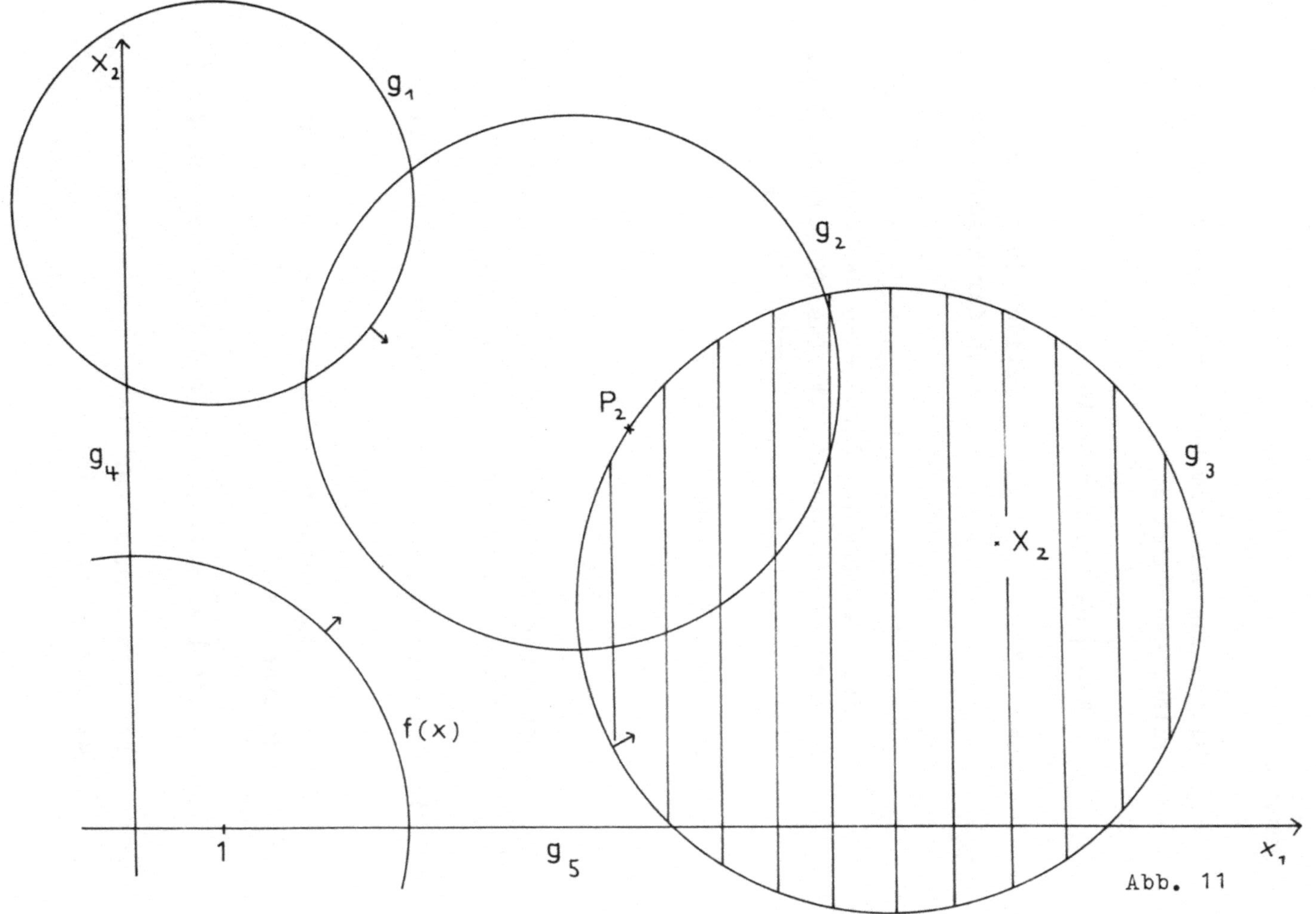

X_2
g_1
g_2
g_4
P_2
g_3
X_2
$f(x)$
1
g_5
x_1
Abb. 11

Erste Schleife: $i = 1$, $j = 2$

1) Berechnung eines im Durchschnittsbereich D_1
   zulässigen Punktes.

   $$\min \left\{ g_1 (x) \, / \, - g_2 (x) \geq 0 \right\}.$$

   Der Anfangspunkt zur iterativen Lösung ist
   irgendein Punkt X_1 innerhalb der Kugelfläche
   $g_2 (x)$.

   In Abb. 10 ist der zulässige Bereich für dieses
   Minimierungsproblem durch eine senkrechte
   Schraffierung dargestellt. Das Minimum der Funk-
   tion $g_1 (x)$ über diesem Bereich sei P_1.

2) P_1 erfüllt die Auswahlregeln

   $$- g_1 (x) \geq 0,$$
   $$- g_2 (x) \geq 0.$$

   Hierdurch wird sichergestellt, daß der Punkt P_1
   im Durchschnittsbereich D_1 liegt.

3) Durchführung der Minimierung der Zielfunktion
   $f (x)$ über dem Bereich D_1, der in Abb. 9 waage-
   recht schraffiert ist und in Abb. 10 durch senkrechte und waagerechte Schraffierung gekenn-
   zeichnet ist.

   $$\min \left\{ x_1^2 + x_2^2 \, / \, - g_1 (x) \geq 0, \, - g_2 (x) \geq 0 \right\}.$$

   Der Anfangspunkt zur iterativen Lösung ist P_1,
   die Lösung selbst ist A_1.

4) Der Test $A_1 \in B$ wird mit "ja" beantwortet.

5) $k = 1$, $f_1 (A_1)$ $f_0 = \mathcal{S}$ wird mit "ja" beantwortet.

6) $f_1 = 29$

Im Punkt A_1 (siehe Abb. 9) nimmt die Zielfunktion $f (x)$ offensichtlich ein lokales Maximum an. Ihr Funktionswert ist laut 6) gleich 29.

Der nächste Schritt in der Kombinatorik zwischen den Restriktionen $g_1 (x)$, ... $g_5 (x)$ zur Bestimmung der Durchschnittsbereiche D_s wird in der zweiten Schleife durchgeführt.

Zweite Schleife: $i = 1$, $j = 3$

1) Untersuchung der Kombination der Restriktionen $g_1 (x)$ und $g_3 (x)$ (Abb. 11).

$$\min \left\{ g_1 (x) \, / - g_3 (x) \geq 0 \right\} .$$

Der zulässige Bereich ist in Abb. 11 senkrecht schraffiert. Aus ihm wird irgendein Punkt X_2 als Anfangspunkt zur iterativen Lösung ausgewählt. Das Minimum der Funktion $g_1 (x)$ wird im Punkt P_2 angenommen.

2) P_2 erfüllt die Auswahlregeln

$$- g_1 (x) \geq 0,$$
$$- g_2 (x) \geq 0,$$

nicht.
Die Kombination der Restriktionen $g_1 (x)$ und $g_3 (x)$ kann also verworfen werden, da wegen 2) kein Durchschnittsbereich existiert.

Somit beginnt die nächste Schleife mit der Kombination der Restriktionen g_1 (x) und g_4 (x).
In dieser Weise wird die Rechnung systematisch fortgesetzt bis zur letzten Schleife, in der die Kombination der Restriktionen g_4 (x) und g_5 (x) untersucht wird.

Diejenige Schleife, die zum letztenmal den Punkt 6) erreicht, gibt an gleicher Stelle den Funktionswert der Zielfunktion im globalen Maximum an.
Das vollständige Ergebnis für dieses Beispiel lautet:

Das globale Maximum der Zielfunktion f (x) über dem nichtkonvexen Bereich B wird im Punkte A_4 (6, 0) angenommen. Der Wert der Zielfunktion in A_4 beträgt
$f (A_4) = 36$.

Drittes Beispiel:

Das dritte Beispiel behandelt den kompliziertesten Fall: Die Maximierung der Zielfunktion f (x) über einem n i c h t z u s a m m e n h ä n g e n d e n Bereich (Abb. 12).

Zielfunktion:

$$f (x) = x_1^2 + x_2^2$$

Restriktionen:

$$g_1 (x) = \frac{1}{3} x_1 - x_2 + 4 \geq 0$$
$$g_2 (x) = x_1^2 + x_2^2 - 10 x_1 - 10 x_2 + 41 \geq 0$$
$$g_3 (x) = - x_1 + x_2 + 4 \geq 0$$
$$g_4 (x) = x_1 \geq 0$$
$$g_5 (x) = x_2 \geq 0$$

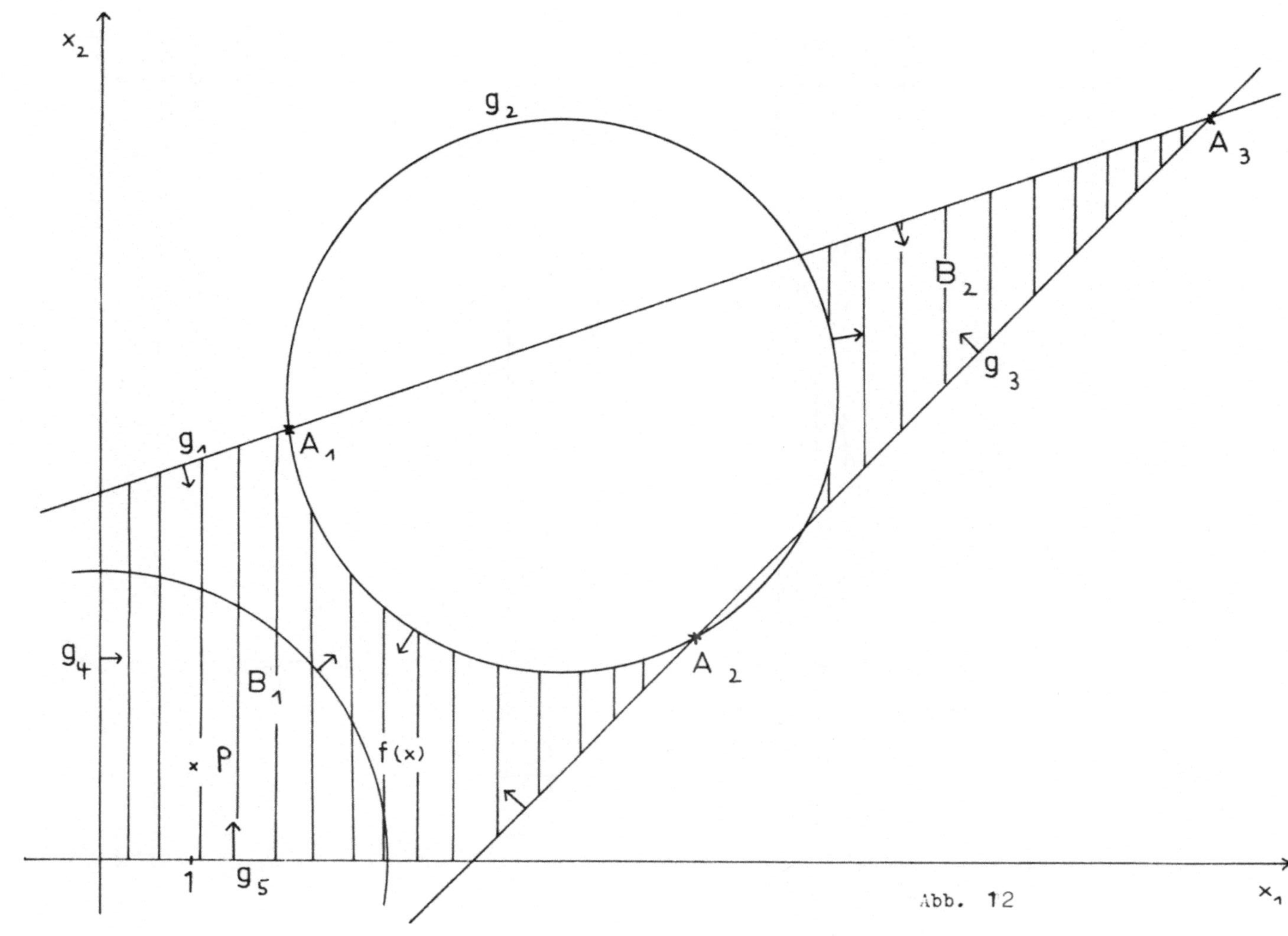

x_2
x_1
g_1
g_2
g_3
g_4
g_5
A_1
A_2
A_3
B_1
B_2
$f(x)$
P
1
Abb. 12
– 87 –

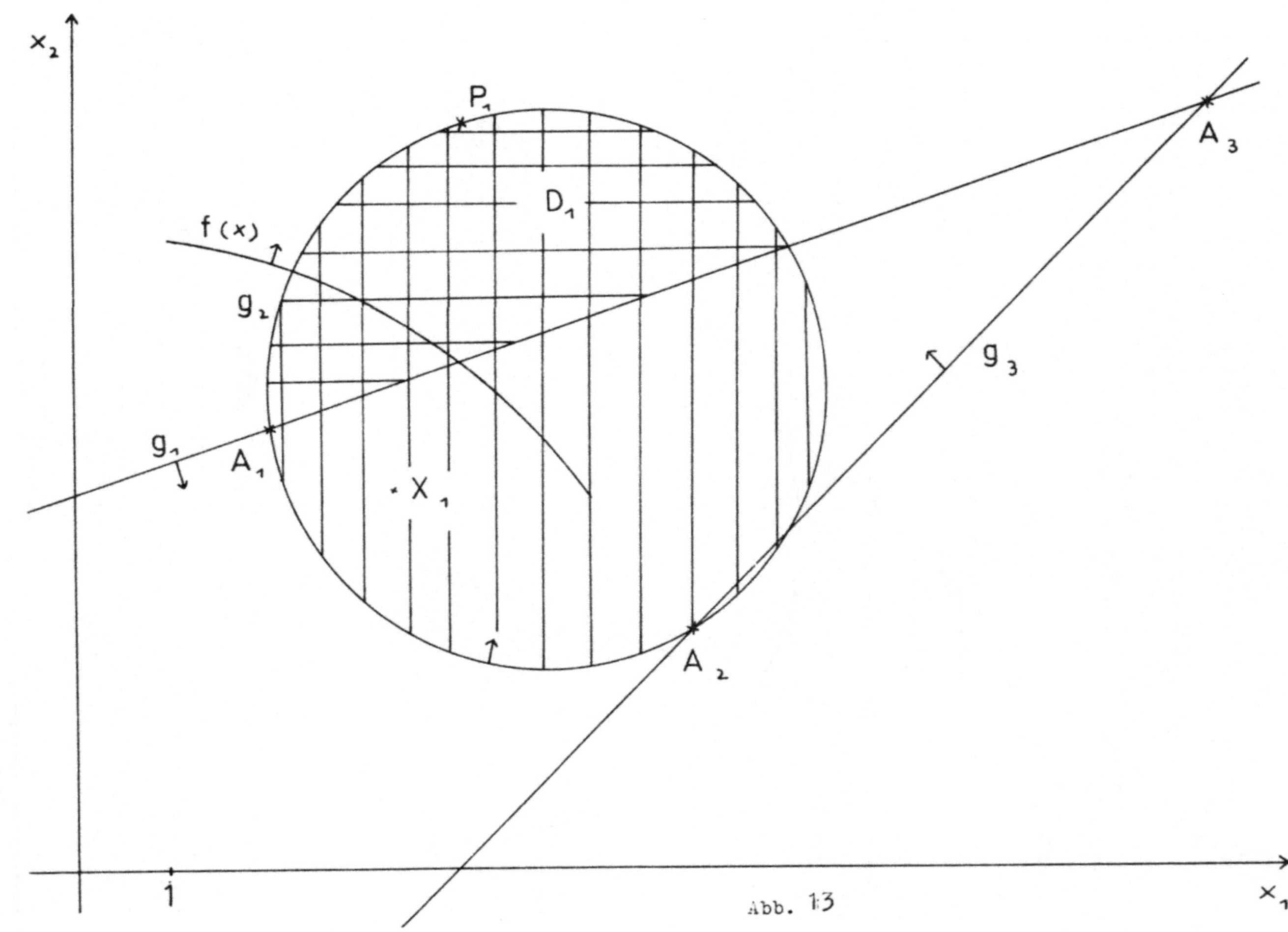

Abb. 13

Der zulässige, nichtzusammenhängende Bereich B, der
durch die Restriktionen gegeben ist, besteht aus zwei
Teilbereichen B_1 und B_2. Diese zwei Teilbereiche - ein-
zeln betrachtet - sind jeweils nichtkonvex.

Der gesamte zulässige Bereich ist in Abb. 12 durch
senkrechte Schraffierung dargestellt. Der Lösungsablauf
dieses Beispiels geht wie folgt:

Erste Schleife:

1) Untersuchung der Kombination der Restriktionen
    g_1 (x) und g_2 (x) (Abb. 13).

$$\min \left\{ g_1 (x) \, / \, - g_2 (x) \geqq 0 \right\}.$$

Als Anfangspunkt diene irgendein Punkt X_1 im
senkrecht schraffierten Bereich von Abb. 13
Die Lösung des Minimierungsproblems sei der Punkt
P_1.

2) P_1 erfüllt die Auswahlregeln

$$- g_1 (x) \geqq 0,$$
$$- g_2 (x) \geqq 0.$$

Somit existiert der Durchschnittsbereich D_1
(in Abb. 13 längs und quer schraffiert).
P_1 ist in ihm ein zulässiger Punkt.

3) Die Zielfunktion f (x) wird über dem Bereich
    D_1 minimiert.

$$\min \left\{ f (x) \, / \, D_1 \right\}.$$

Als Anfangspunkt der iterativen Lösung dient
der im Bereich D_1 zulässige Punkt P_1.
Die Lösung ist A_1.

Die Schritte 4) bis 6) werden analog den entsprechen-
den Schritten der vorherigen Beispiele durchgeführt.
Ebenso werden alle Kombinationen g_1 (x), ... g_5 (x)
entsprechend behandelt bis zur letzten Kombination der
Restriktionen g_4 (x) und g_5 (x).
In Abb. 13 wird der Ablauf der Rechnung in der ersten
Schleife graphisch dargestellt.

Die globale Lösung dieses indefiniten Maximierungsproblems ist der Punkt A_3 (12,3). Der Wert der Zielfunktion beträgt an dieser Stelle f (A_3) = 208.

Es lassen sich in dieser Art weitere Probleme anführen,
in denen der zulässige Bereich B aus einer endlichen
Anzahl a von Teilbereichen

$$B_1 + \ldots\ldots + B_a = B$$

besteht. Zu diesen Problemen können eindeutige Lösungen
angegeben werden, soweit die Voraussetzungen des Abschnitts 4 erfüllt sind.

LITERATURVERZEICHNIS

(1) Carroll, W. Charles

The created response surface technique for optimizing non-linear, restrained systems. Opns. Res. Vol. 9, Nr. 2, 1961

(2) Fiacco, Anthony V., McCormick, Garth P.

Nonlinear Programming Sequential Unconstrained Minimization Technique. John Wiley and Sons, INC. 1968

(3) Frisch, R.

Condensed Description of the multiplex method for linear programming. Memorandum from Institute of Economics, University of Oslo, Oct. 1956

(4) Frisch, R.

The nonplex method in its subconditional form. Memorandum from Institute of Economics, University of Oslo, Nov. 1963

(5) Krelle, W., Künzi, H.P.

Lineare Programmierung Industrielle Organisation, Zürich 1958

(6) Künzi, H.P., Krelle, W.

Nichtlineare Programmierung Springer, Berlin 1962

(7) Kuhn, H.W., Tucker, A.W.

Nonlinear programming Proceedings of the 2nd Berkeley Symposium on Mathematical Statistics and Probability p.p. 481-492 University of California Press, Berkeley 1951

(8) Mangasarian, O.L., The Fritz John necessary
    Fromovitz, S.   Optimality conditions in the
                        presence of equality and in-
                        aquality constraints.
                        J. Math. Anal. Appl. 17, 1967,
                        37 - 47

(9) Orden, A.   Stationary points of quadra-
                        tic functions under linear
                        constraints.
                        Computer J. 7 (1964), 238-242

(10) Pfranger, R.   Ein heuristisches Verfahren
                        zur globalen Optimierung.
                        Unternehmensforschung, Band 14,
                        Heft 1, 1970

(11) Ritter, K.   Über das Maximumproblem für
                        nichtkonkave quadratische Funk-
                        tionen.
                        Deutsche Versuchsanstalt für
                        Luft- und Raumfahrt e.V.,
                        München, 1965

Lecture Notes in Operations Research and Mathematical Systems

Vol. 24: Feichtinger, Lernprozesse in stochastischen Automaten.
V, 66 Seiten. 4°. 1970. DM 6,– / $ 1.70

Vol. 25: R. Henn und O. Opitz, Konsum- und Produktionstheorie I.
II, 124 Seiten. 4°. 1970. DM 10,– / $ 2.80

Vol. 26: D. Hochstädter und G. Uebe, Ökonometrische Methoden.
XII, 250 Seiten. 4°. 1970. DM 18,– / $ 5.00

Vol. 27: I. H. Mufti, Computational Methods in Optimal Control Problems.
IV, 45 pages. 4°. 1970. DM 6,– / $ 1.70

Vol. 28: Theoretical Approaches to Non-Numerical Problem Solving. Edited by R. B. Banerji and
M. D. Mesarovic. VI, 466 pages. 4°. 1970. DM 24,– / $ 6.60

Vol. 29: S. E. Elmaghraby, Some Network Models in Management Science.
III, 177 pages. 4°. 1970. DM 16,– / $ 4.40

Vol. 30: H. Noltemeier, Sensitivitätsanalyse bei diskreten linearen Optimierungsproblemen.
VI, 102 Seiten. 4°. 1970. DM 10,– / $ 2.80

Vol. 31: M. Kühlmeyer, Die nichtzentrale t-Verteilung.
II, 106 Seiten. 4°. 1970. DM 10,– / $ 2.80

Vol. 32: F. Bartholomes und G. Hotz, Homomorphismen und Reduktionen linearer Sprachen.
XII, 143 Seiten. 4°. 1970. DM 14,– / $ 3.90

Vol. 33: K. Hinderer, Foundations of Non-stationary Dynamic Programming with Discrete Time Parameter.
VI, 160 pages. 4°. 1970. DM 16,– / $ 4.40

Vol. 34: H. Störmer, Semi-Markoff-Prozesse mit endlich vielen Zuständen. Theorie und Anwendungen.
VII, 128 Seiten. 4°. 1970. DM 12,– / $ 3.30

Vol. 35: F. Ferschl, Markovketten. VI, 168 Seiten. 4°. 1970. DM 14,– / $ 3.90

Vol. 36: M. P. J. Magill, On a General Economic Theory of Motion.
VI, 95 pages. 4°. 1970. DM 10,– / $ 2.80

Vol. 37: H. Müller-Merbach, On Round-Off Errors in Linear Programming.
VI, 48 pages. 4°. 1970. DM 10,– / $ 2.80

Vol. 38: Statistische Methoden I, herausgegeben von E. Walter.
VIII. 338 Seiten. 4°. 1970. DM 22,– / $ 6.10

Vol. 39: Statistische Methoden II, herausgegeben von E. Walter.
IV, 155 Seiten. 4°. 1970. DM 14,– / $ 3.90

Vol. 40: H. Drygas, The Coordinate-Free Approach to Gauss-Markov Estimation.
VIII, 113 pages. 4°. 1970. DM 12,– / $ 3.30

Vol. 41: U. Ueing, Zwei Lösungsmethoden für nichtkonvexe Programmierungsprobleme.
IV, 92 pages. 4°, 1971. DM 16,– / $ 4.40

Vol. 42: A.V. Balakrishnan, Introduction to Optimization Theory in a Hilbert Space.
IV, 153 pages. 4°, 1971. DM 16,– / $ 4.40

Vol. 43: J. A. Morales, Bayesian Full Information Structural Analysis.
VI, 154 pages. 4°, 1971. DM 16,– / $ 4.40

Vol. 44: G. Feichtinger, Stochastische Modelle demographischer Prozesse.
XIII, 404 pages. 4°, 1971. DM 28,– / $ 7.70

Vol. 45: K. Wendler, Hauptaustauschschritte (Principal Pivoting).
II, 65 pages. 4°, 1971. DM 16,– / $ 4.40

Vol. 46: C. Boucher, Leçons sur la théorie des automates mathématiques.
VIII, 193 pages. 4°, 1971. DM 18,– / $ 5.00